国家自然科学基金项目（42172197）资助
中央高校基本科研业务费专项资金项目（2023ZKPYDC08）资助

高岭石层间域有机化合物分子动力学模拟研究

张　帅◎著

中国矿业大学出版社
·徐州·

内 容 提 要

本书旨在通过分子动力学模拟方法探讨高岭石层间域中有机化合物的行为和特性。高岭石作为一种重要的黏土矿物，其层间域的有机化合物对于环境和材料科学具有重要意义。首先，本书介绍了高岭石的基本特性及在层间域中与有机化合物的相互作用。接着，通过建立分子结构模型，计算有机化合物在高岭石及其层间域中的原子密度分布、表面官能团的径向分布函数以及与硅氧面和铝氧面的相互作用能等，在原子尺度范围内深入剖析高岭石-有机化合物层间域的界面结构和界面作用机理。研究结果表明，有机化合物的分子结构对其在高岭石层间域的行为具有显著影响。通过对比不同有机化合物的模拟结果，揭示了其与高岭石层间域的相互作用机制。最后，在理论层面阐明了有机化合物与高岭石层间域的界面作用过程，探索了有机化合物进入高岭石层间域的驱动力来源，以期为环境治理和材料开发提供理论依据。

图书在版编目(CIP)数据

高岭石层间域有机化合物分子动力学模拟研究 / 张帅著. — 徐州 ：中国矿业大学出版社，2025. 1.

ISBN 978 - 7 - 5646 - 6621 - 7

Ⅰ. TB321

中国国家版本馆 CIP 数据核字第 2025Z74K40 号

书　　名　高岭石层间域有机化合物分子动力学模拟研究

著　　者　张　帅

责任编辑　何晓明　耿东锋

出版发行　中国矿业大学出版社有限责任公司

（江苏省徐州市解放南路　邮编 221008）

营销热线　(0516)83885370　83884103

出版服务　(0516)83995789　83884920

网　　址　http://www.cumtp.com　**E-mail**:cumtpvip@cumtp.com

印　　刷　苏州市古得堡数码印刷有限公司

开　　本　787 mm×1092 mm　1/16　**印张** 7.25　**字数** 142 千字

版次印次　2025 年 1 月第 1 版　2025 年 1 月第 1 次印刷

定　　价　32.00 元

（图书出现印装质量问题，本社负责调换）

前　言

高岭石是应用比较广泛的黏土矿物之一。我国高岭土资源储量丰富，质地优良，广泛应用在橡胶、塑料、涂料、造纸、陶瓷及环保等领域。粒度和表面性质是衡量高岭石产品的重要指标，尤其在高新技术领域，高岭石的粒度和表面特性直接影响产品的诸多性能。对高岭石进行插层、剥片及表面改性是实现高岭石颗粒纳米化及表面修饰等精细化加工的必要手段，可显著提高高岭石产品的附加值。到目前为止，研究发现只有有限的几种有机小分子可直接进入高岭石层间域，而有机大分子表面改性剂则需要通过间接插层法实现高岭石层间域改性。虽然高岭石-有机物复合体已经通过X射线衍射、红外光谱、拉曼光谱和核磁共振等方法得到广泛研究，但高岭石-有机物层间域在原子尺度范围内的界面结构和界面作用尚无定论，有机化合物进入高岭石层间域的驱动因素尚不明晰。

本书利用有代表性的有机化合物尿素、二甲基亚砜(DMSO)和大分子表面改性剂十二胺对纯化的高岭石进行了液相插层，制备了高岭石-尿素、高岭石-DMSO和高岭石-十二胺插层复合物。在XRD和热重分析的基础上构建了高岭石-有机化合物复合分子模型，并对其进行了分子动力学模拟，计算了高岭石层间域表面与有机化合物之间的界面结构和界面作用。采用自适应偏置力分子动力学模拟计算了表面改性剂对高岭石-甲醇前驱体的插层自由能。通过对自由能的分解计算了表面改性剂与高岭石-甲醇复合体层间域的相互作用能。从理论层面深入剖析了有机化合物在高岭石层间域的界面结构和界面作用机理，阐明了有机化合物对高岭石插层的主要驱动力来源。

在高岭石层间域中，尿素分子呈单层结构分布，其 C═O 官能团作为氢键受体与高岭石铝氧面羟基形成较强的氢键，其 NH_2 官能团作为氢键给体与高岭石铝氧面羟基和硅氧面基面氧原子同时形成氢键。尿素与铝氧面形成的氢键作用大于硅氧面的，而且尿素与铝氧面的相互作用能也大于硅氧面的，因此铝氧面对诱导尿素进入高岭石层间域起到关键作用。

DMSO 在高岭石层间域也呈单层结构分布，其 S═O 官能团与高岭石铝氧面羟基形成较强的氢键作用，甲基则与硅氧面以疏水作用键合在一起。高岭石硅氧面上的复三方孔和铝氧面上的铝氧八面体空穴都是局部高吸附位点，分别对 DMSO 的甲基和 S═O 官能团具有较强的吸附作用。高岭石铝氧面和硅氧面都对 DMSO 分子表现出亲和性，但铝氧面与 DMSO 的相互作用能高于硅氧面的，加之铝氧面羟基与 DMSO S═O 官能团形成较强的氢键作用，因此对 DMSO 的插层起到关键作用。

自适应偏置力分子动力学模拟计算的改性剂对高岭石-甲醇前驱体插层自由能表明高岭石-甲醇复合体层间域对携带正电荷离子官能团的十六烷基三甲基氯化铵(CTAC)具有较强的亲和性。改性剂对高岭石层间域插层的驱动力主要来源于与层间域铝氧面、硅氧面和层间甲醇相互作用而获得的焓变能量。其焓变能量主要来源于静电势能和范德华能，其中静电势能起主导作用。携带离子官能团的 CTAC 和硬脂酸钠可通过与高岭石层间域的静电引力作用获得更多的焓变能量，相比于电中性的十二胺更容易实现高岭石插层和改性。高岭石的层间甲醇可使层间域更具疏水性，可通过疏水作用、静电引力作用和范德华能作用促进大分子改性剂进入高岭石层间域。

大分子表面改性剂十二胺可以高岭石-甲醇插层复合物为前驱体进入高岭石层间域，使高岭石层间距从 7.2 Å 扩大到 42.9 Å。分子动力学模拟表明，十二胺分子的烷烃链并非呈有序的全反式结构分布于高岭石层间域，而是以类似于石蜡型和无序结构分布于高岭石层间域中心区域和以有序的双层结构平行分布于高岭石硅氧面和铝氧面。

本书采用分子动力学模拟与试验相结合的方法阐明了高岭石-有机化合物层间域的界面结构和界面作用，以及有机化合物进入高岭石层间域的驱动机理，为高岭石插层与有机改性的试验设计和制备高附加值高岭石产品提供了理论依据。

在此，我衷心感谢所有给予我支持和帮助的人。首先，我要特别感谢我的导师，感谢您在研究过程中给予的指导和支持。您的严谨学术态度和深厚的专业知识让我受益匪浅，也激励我不断追求卓越。其次，感谢我的研究团队和同事们，感谢你们的合作与讨论，在数据分析和模拟过程中给予我宝贵的建议和帮助，让我的研究工作更加顺利。我还要感谢实验室提供的研究条件和技术支持，使我的研究得以顺利进行。最后，感谢我的家人和朋友，感谢你们的理解和鼓励，在我进行研究的过程中给予我无私的支持与爱。

再次感谢所有帮助过我的人，正是你们的支持让我能够完成这项研究。

著　者

2024 年 10 月

目 录

第1章 绪 论

黏土矿物是一类广泛存在于地球表层的层状硅酸盐矿物，具有特殊的二维纳米片层结构和较强的表面反应活性。黏土矿物在地质过程中与自然界多种元素和分子迁移密切相关，在复合材料、污水处理、土壤修复等领域具有广阔的应用前景。黏土矿物的基本结构单元由硅氧四面体和铝氧八面体组成。根据二者组合方式的差异，黏土矿物一般被划分为1∶1型和2∶1型，即通常所说的TO型和TOT型。高岭石属于1∶1型黏土矿物，其基本结构单元由一层硅氧四面体和一层铝氧八面体组成，并由共用的顶氧原子面连接起来，因此称之为1∶1型。蒙脱石是典型的2∶1型黏土矿物，其基本结构单元由上下两层硅氧四面体、中间加一层铝氧八面体组成，并通过共用顶氧连接，因此称之为2∶1型。蒙脱石晶格中还存在比较丰富的同晶替换现象，导致其本身携带永久表面负电荷。黏土矿物的粒径较小($<2\ \mu m$)，具有天然的二维层状结构和较高的表面活性。从黏土矿物被发现至今，它在各领域的广泛应用无时无刻不在带动黏土产业紧跟时代发展的脚步。在黏土矿物家族中，应用比较广泛的是高岭石、蒙脱石和海泡石等。高岭石是组成高岭土的主要黏土矿物。在我国，高岭土资源具有多种成因类型，其储量丰富，而且质地优良。按其赋存状态可分为两大类型：一类是非煤建造型高岭土，主要分布于我国南方，如广东、广西、湖南、福建等地。此类高岭土大部分由热液蚀变或风化淋滤作用形成，通常称之为软质高岭土，其基础储量达5.46亿t，资源储量居世界第五位[1]。另一类为含煤建造沉积型高岭土(高岭岩)，主要分布于我国北方石炭-二叠系含煤地层，探明远景储量达180.5亿t，居世界首位。此类高岭土(岩)以煤层中夹矸或者顶底板形成的

矿层单独存在，通常称之为硬质高岭岩[2]。

迄今为止，我国高岭土开发利用过程经历了由初级加工向精细加工、由单一产品向系列产品的发展过程。但在相关产业中，有一半以上为原矿生产，深加工产品较少。在我国低碳经济发展以及产业升级的需求下，高岭石产品的精细化加工也迫在眉睫。高岭石插层、剥片及表面改性是实现其精细化加工，提高其附加值的必要手段[3]。

1.1 高岭石插层和改性研究现状

1.1.1 高岭石晶体化学特征

高岭石基本结构单元由一层硅氧四面体和一层铝氧八面体结合而成，为 1∶1 型层状硅酸盐矿物，其单位晶胞结构式为 $Si_4Al_4O_{10}(OH)_8$，晶体结构如图 1-1 所示。高岭石晶格中硅氧四面体的六方网格排列使其微晶呈现假六方片状形态。高岭石铝氧八面体中阳离子的分布情况和单位构造层的堆叠方式决定其单斜对称和三斜对称。高岭石单位晶胞的三斜晶系是 $a_0 = 5.15 \times 10^{-1}$ nm，$b_0 = 8.95 \times 10^{-1}$ nm，$c_0 = 7.39 \times 10^{-1}$ nm，$\alpha = 91.8°$，$\beta = 104° \sim 105°$，$\gamma = 90°$。在高岭石晶格中缺乏同晶替换现象，因此高岭石晶体整体呈现电中性，其层间域基本不存在可交换性阳离子，因此高岭石被视为不可膨胀黏土矿物。由于高岭石的 1∶1 型层状结构，所以其层间域内具有化学性质截然不同的两个表面——铝氧八面体面和硅氧四面体面。铝氧面覆盖有一层反应活性较高的表面羟基，硅氧面由氧原子组成的六元环组成。高岭石层间域内的氢键作用将高岭石片层聚合在一起，导致其不可膨胀性。即便如此，高岭石层间域内仍存在反应活性较高的内表面羟基，可作为氢键给体或氢键受体与有机小分子如醋酸钾、尿素、二甲基亚砜等形成氢键作用，从而诱导小分子进入高岭石层间，使其层间域扩大[4-7]。此外，高岭石的内表面羟基还可以与有机分子(甲醇、吡啶甲酸酯等)发生脱水反应形成化学键，从而使有机化合物嫁接在铝氧面上形成化学性质比较稳定的高岭石-有机复合体[8-10]。因此，如果高岭石层间域能够被有效利用，那么可使其在高岭石-聚合物复合材料领域具有广阔的应用前景[9]。

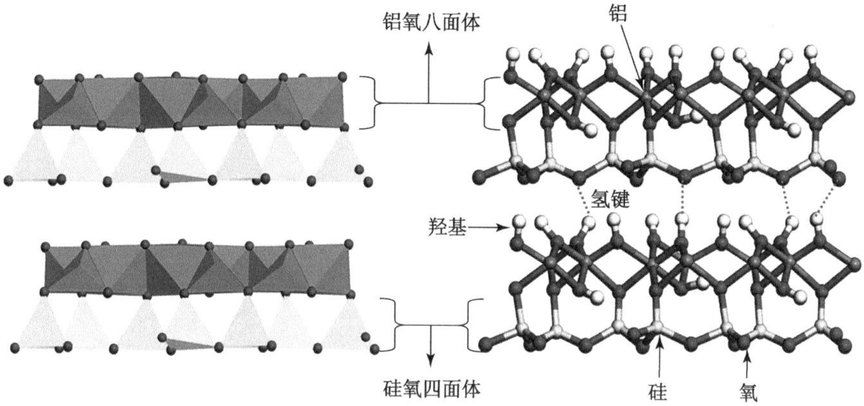

左图为多面体模型,右图为球棍模型。

图 1-1 高岭石晶体结构图

1.1.2 高岭石插层

高岭石粒径纳米化是提高其附加值的有效手段。纳米化主要是通过超细粉碎或者配合其他物理化学手段使高岭石片层剥离开来,使其粒径达到纳米级别并保持均一性。高岭石插层可有效减弱高岭石层间结合能,从而促使其片层剥离,同时还可实现层间域改造。一些极性有机小分子如醋酸钾、尿素、二甲基亚砜等可以打破高岭石层间域的氢键,进入高岭石层间,从而扩大高岭石层间域(图 1-2)。当高岭石层间域被撑开后,片层间的结合能会被削弱,这样还会导致高岭石的微孔结构增大从而使其比表面积增大。高岭石层间域化学活性较高的内表面经插层后更容易暴露出来,可实现其应用最大化。近年来,国内外诸多学者在黏土插层复合物的制备方面进行了一系列的研究工作,并探讨了其在多领域的应用。在这些研究中,有关蒙脱石-有机化合物插层复合体的研究无论从理论深度、广度还是从应用上都取得了很大进展[11-14]。蒙脱石在形成过程中,晶格中的同晶替换现象导致其晶格中存在过剩的永久负电荷。为了维持其自身的电荷平衡,蒙脱石层间域会吸附可交换性阳离子如钾离子、钠离子或钙离子等来平衡晶格中的永久负电荷。蒙脱石可通过离子置换将携带正电荷官能团的有机离子插入蒙脱石层间域制备蒙脱石有机复合体,可广泛用于橡胶、塑料等领域;还可利用其高吸附性能，用于净化石油、核废料处理、污水处理等[15-17]。对于高岭石插层的研究相对较少，主要原因是高岭石层间存在比较强的氢键作用，限制了有机化合物进入其层间域。在20世纪中后期，学者发现一些极性小分子可以打破高岭石层间域的氢键作用，从而进入高岭石层间，使高岭石层间距由原来的7.15 Å扩大到10 Å以上[4,18-19]，从此开启了高岭石插层复合物研究的新篇章。

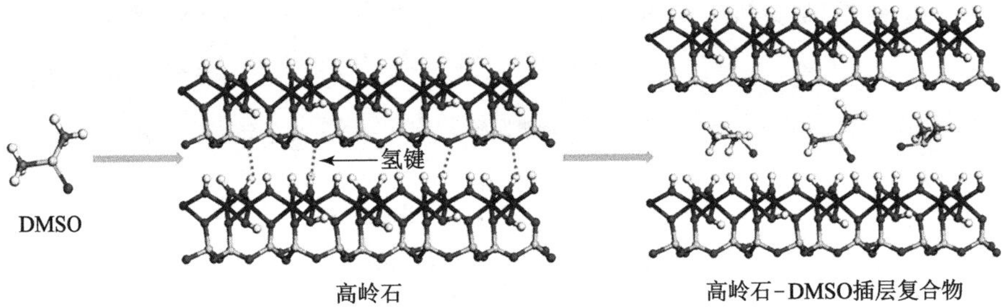

图1-2　二甲基亚砜(DMSO)对高岭石插层过程示意图

高岭石层间虽然缺乏可交换性阳离子，但是其层间域内存在化学性质截然不同的两个内表面(铝氧面和硅氧面)。高岭石铝氧面覆盖有内表面羟基，携带局部正电荷，可作为氢键给体或氢键受体与插层客体形成氢键；硅氧面覆盖有一层基面氧原子，携带局部负电荷，可作为氢键受体与插层客体形成氢键，而且硅氧面还具有较强的疏水性，可通过疏水作用诱导有机分子实现插层[20]。高岭石插层法可分为直接插层法和间接插层法。直接插层是极性小分子如二甲基亚砜、尿素、醋酸钾、肼等对高岭石实现一步插层。此类小分子具有较强的氢键形成官能团，因此高岭石层间域原有的氢键可被这些小分子破坏，从而进入高岭石层间域与内表面形成新的氢键。具有较大分子体积的有机分子，由于其尺寸效应的阻碍，所以很难直接进入高岭石层间。研究发现，高岭石经有机小分子插层后，可作为前驱体实现大分子化合物的间接插层或者在高岭石铝氧面的嫁接[9,21-24]，如图1-3所示。

Wada[18]在20世纪60年代率先开启了高岭石插层复合物的研究。1966年，Ledoux等[4]应用红外光谱系统研究了高岭石与尿素、醋酸钾、甲酰胺和肼插层复合物的界面作用。研究发现，尿素的NH_2官能团可作为氢键

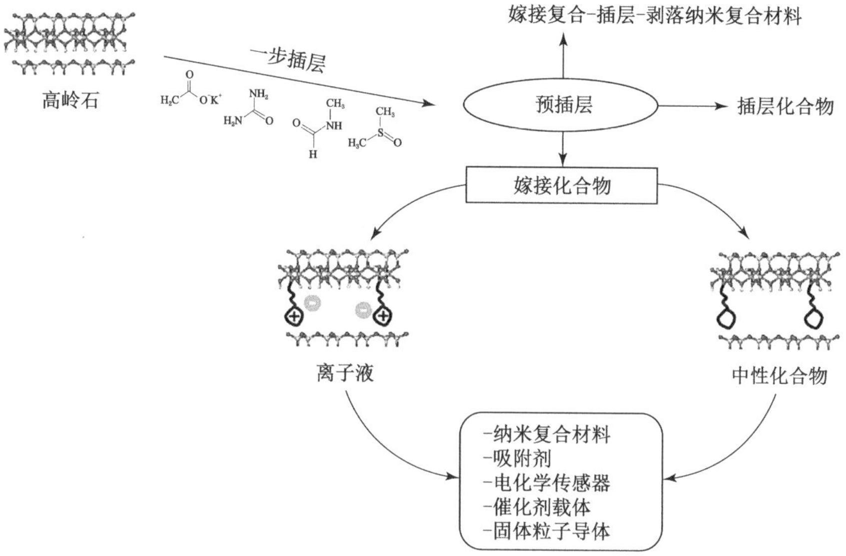

图 1-3 高岭石直接插层、间接插层及铝氧面嫁接示意图及其应用[9]

给体与高岭石硅氧面的氧原子形成氢键，其 C ═O 官能团可作为氢键受体与高岭石铝氧面的表面羟基形成氢键。醋酸根离子主要依靠羧基与高岭石铝氧面羟基形成较强的氢键作用。这些氢键的形成对高岭石插层起到关键作用。最初研究高岭石插层的目的是将高岭石与其他黏土矿物分离开来。在此阶段，高岭石插层复合物的研究只涉及几种极性小分子，研究进展相对缓慢，表征手段也较单一，一般是 X 射线衍射和红外光谱分析。随着黏土-有机复合材料的兴起，高岭石有机插层研究进入了一个快速发展时期，科学家们试图实现高岭石在黏土-有机复合材料中的应用。在该阶段，能够对高岭石实现有效插层的化合物依然局限在常用的几种高极性有机小分子化合物上。高岭石插层主要在液相环境下实现，也可通过高岭石和有机分子固相研磨的方式实现。高岭石的粒径和结晶度、插层剂种类和溶液浓度，以及反应温度都会对高岭石插层反应造成影响。Deng 等[25]研究了肼对高岭石的插层行为，和它在高岭石层间域的结构以及与高岭石层间域表面的作用机理。Olejnik[26]发现插层环境中水分子能有效促进高岭石的插层反应，因为水分子可以打破插层剂之间的络合作用从而促进单个插层剂分子与高岭石层间域的接触，进而促进其插层过程。研究还发现，极性高的有机分子更容易实现插层反应，而且高岭石的粒度和结晶度对有机化合物的插层速率也有一定程度的影响。Deng 等[27]为了验证高岭石粒度对插层反应的影响，对不同粒径的高岭石进行了插层试验，发现粒径较大的高岭石相较于粒径较小的高岭石更容易实现插层。其原因可能是粒径较大的高岭石由铝氧八面体和硅氧四面体的不匹配效应所造成的片层结构压力相对较小，使得插层剂更容易进入高岭石层间。

Sugahara 等[28]于 1988 年成功制备了高岭石-聚丙烯腈复合材料，开启了高岭石-聚合物纳米复合材料制备的新篇章。他们以高岭石-醋酸铵复合物为前驱体，用丙烯腈单体置换预先插入高岭石层间的醋酸铵来制备高岭石-丙烯腈复合体，再通过加热作用使丙烯腈单体聚合，从而制备高岭石-聚丙烯腈复合材料。随后他们通过类似的置换插层方法，将丙烯酰胺单体插入高岭石层间。其他研究人员还应用置换插层法制备了多种新型高岭石插层复合物，包括高岭石-尼龙 6、高岭石-β-丙氨酸等插层复合物[29-32]。Komori 等[23]发现高岭石-甲醇插层复合物可作为万能前驱体，实现烷基胺等大分子的间接插层。Tunney 等[33]提出甲醇插入高岭石层间后，其羟基官能团可与高岭石铝氧面的氢原子发生脱水缩合使甲醇的甲基嫁接在高岭石铝氧面上(图 1-4)，从而使高岭石的铝氧面由亲水性变为亲有机性。这将使高岭石层间域变得松弛，并且更具疏水性，从而促进有机大分子进入高岭石层间域。左小超等[21-22]利用甲氧基嫁接高岭石作为前驱体将系列烷基胺、季铵盐以及硬脂酸插入高岭石层间。以系列季铵盐插层为例，随着季铵盐碳链原子数的增加，高岭石层间域可逐步增大到 42 Å，可有效削弱高岭石层间域的结合力，使高岭石片层剥离开来。由于高岭石铝氧八面体和硅氧四面体的结构不匹配效应，所以剥离下来的大径厚比高岭石片层会发生自由卷曲形成纳米卷(图 1-5)。高岭石纳米卷具有多孔结构，可作为有潜力的吸附材料，催化载体和纳米反应器。高岭石片层在卷曲过程中可使铝氧面紧密封闭在限定空间内，因此可作为吸附材料将毒性较强的污染物永久封存在纳米卷内[34]。

1.1.3 高岭石剥片

高岭石的改性和应用工作一直以来备受科研工作者的关注。黏土矿物的

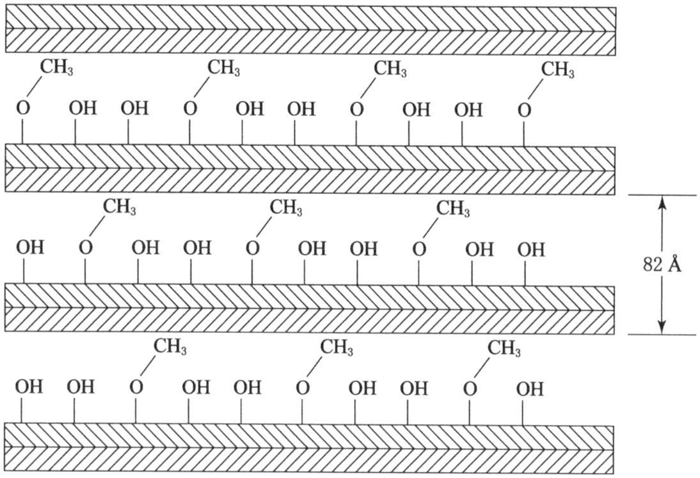

图 1-4　甲氧基嫁接高岭石铝氧面示意图[33]

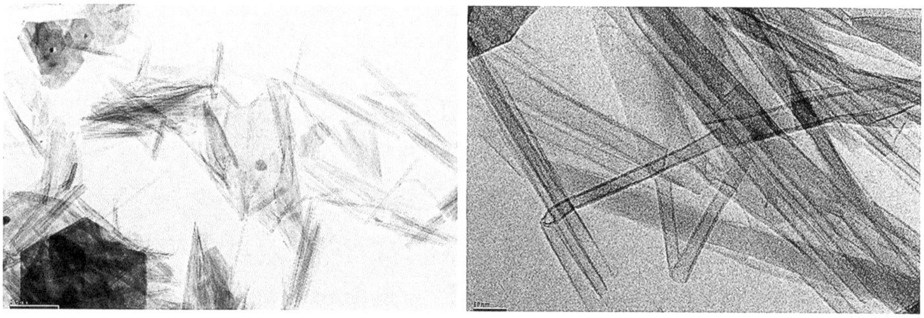

图 1-5　高岭石纳米卷

改性工艺包括物理改性和化学改性。物理改性主要包括超细粉碎、煅烧、除杂以及针对高岭石特殊层状结构的机械剥离。化学改性主要涉及黏土矿物表面或层间域的无机和有机改性。化学改性的目的是改变黏土矿物表面的物化性能。例如，黏土矿物表面的有机改性，可使其由亲水性变为亲有机性，从而提高与有机聚合物基体的界面结合作用，或提高针对特定有机污染物的亲和性，进而提高黏土-聚合物复合材料的机械力学性能和对有机污染物的高效吸附。

高岭石的超细化处理是提高其附加值的有效手段。剥片是实现高岭石纳米化的必要途径[35]，其工艺是通过机械或化学的方法使高岭石聚集体剥离开来从而形成片层数较少的纳米级高岭石片层(图 1-6)。剥片又区别于一般的超细粉碎技术，剥片可以针对高岭石的片层结构，通过选择合适的作用力及不同力的组合实现其片层剥离，同时可以保证剥片过程中高岭石片层形貌不受破坏。目前，磨剥法是对高岭石片层进行有效剥离的常用技术。该方法通过研磨介质在水中的相对运动对高岭石颗粒产生剪切、挤压作用力使其聚集体剥开形成径厚比(高岭石片层的横向尺寸与纵向尺寸之比)较大的薄片晶体。

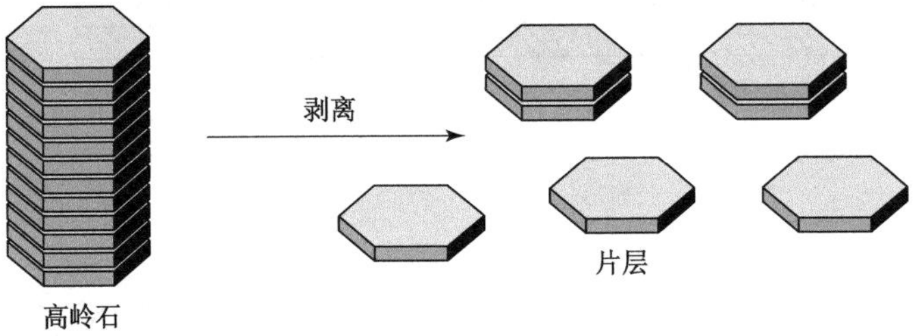

图 1-6　高岭石剥片

利用磨剥机如 BMP-500 可将煤系硬质高岭岩粒径剥离到 5 μm 以下，该设备结构简单、能耗较小，得到的产品粒度分布均一，适合大规模生产[36]。立式搅拌磨剥机可对煤系高岭岩进行湿法超细粉碎，在研磨过程中还可使用不同化学试剂作为助磨剂和分散剂，如六偏磷酸钠，可一次性制备粒径＜ 2 μm的超细粉体[37]。离心分级机通过对高岭石浆液浓度的控制和分离因数的控制，可制得 2 μm 粒径含量在 85％以上的超细高岭石[38]。高岭土原矿经过初步粉碎后还可经过煅烧炉进行煅烧，再利用拉杆式磨粉机打散，制备出粒径达到 1 250 目以上的超细高岭石[39]。为了提高磨剥效率，常常采用插层-磨剥法。该方法是先对高岭石进行插层，使高岭石片层间的结合力减弱，然后再对高岭石进行磨剥，可很快实现高岭石片层的剥离。随着技术的进步，国内外在针对研磨介质和磨剥机改进的同时，开始涉及研磨助剂的使用。在研磨的同时加入具有一定表面改性效果的助磨剂，在实现高岭石粒度细化的同时，还可实现高岭石片层的表面改性[40]。一些学者发现，将插层和超声相配合可在短时间内实现高岭石片层的剥离，而且可以保证高岭石晶型的完整性[41]。插层作用可有效减弱高岭石片层间的结合力，再辅以超声震荡作用可使高岭石片层剥离开来。研究还发现，高岭石-醋酸钾插层复合物的超声剥片效果最为明显，该方法有望用于工业化生产[42]。

1.1.4 高岭石有机改性

黏土矿物表面改性的方式主要是外表面改性和层间域改性。外表面改性以外表面吸附方式进行，而层间域改性则主要通过离子交换或插层的形式进行。例如，蒙脱石具有较强的离子交换能力和可膨胀性，具有带正电官能团的离子化合物可通过离子交换的形式进入蒙脱石层间域，从而实现其内表面改性。有机改性的目的主要是改善黏土矿物表面的化学性质，使其由亲水性变为亲有机性，如图 1-7 所示，从而克服黏土矿物表面与有机聚合物基体的不兼容性。改性剂可作为黏结剂，其亲水端与黏土矿物嵌合在一起，疏水端与有机聚合物基体相融，从而像黏结剂一样将二者联系在一起，实现二者的界面相融。经表面改性的黏土矿物粉体已经在塑料和橡胶等高分子材料中得到广泛应用[43-48]。

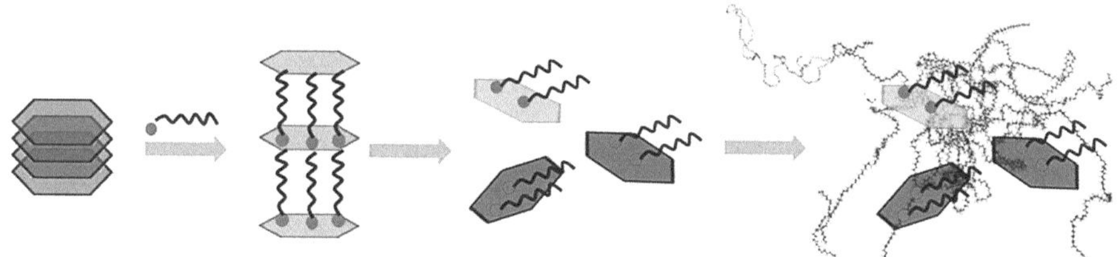

图 1-7 黏土插层、表面改性和黏土-聚合物复合材料

高岭石层间缺乏可交换性阳离子，但高岭石的 1∶1 型层状结构使其外表面和层间域内表面具有化学性质截然不同的硅氧面和铝氧面。此外，高岭石端面上还有丰富的含氧官能团如硅醇基和铝羟基，这些含氧官能团很容易被表面改性剂所包覆。高岭石外表面化学包裹法比较容易实现，最常用的表面改性剂是偶联剂和硅油等[49]。其中偶联剂种类繁多，常用的是硅烷类、钛酸酯、铝酸酯等偶联剂。硅烷偶联剂的通式为 $Y\text{-}R\text{-}Si\text{-}X_3$，其中 R 为非水

解的烷烃链。偶联剂经水解反应变为硅醇基，其通式为 Y-R-Si-$(OH)_3$，其羟基可与高岭石表面的硅醇基缩合形成共价键，从而使硅烷偶联剂嫁接在高岭石表面。这样高岭石表面偶联剂的疏水基团与聚合物具有较高的亲和性，从而使两种化学性质差别很大的材料偶联起来。虽然大分子表面改性剂很难直接进入高岭石层间域，但一些聚合物单体可通过置换插层的方法进入高岭石层间，如丙烯酰胺可通过二甲基亚砜作为夹带剂进入高岭石层间[49-50]。当甲醇通过置换插层进入高岭石层间后，其羟基官能团可与高岭石铝氧面的氢原子发生脱水缩合，使甲醇的甲基嫁接在高岭石铝氧面上形成高岭石-甲醇插层复合物。目前该类插层复合物已被广泛用作前驱体诱导烷基胺、季铵盐、硬脂酸、苄基烷基铵等大分子化合物进入高岭石层间（图 1-8），实现高岭石层间域的内表面改性[22,34,51-53]。

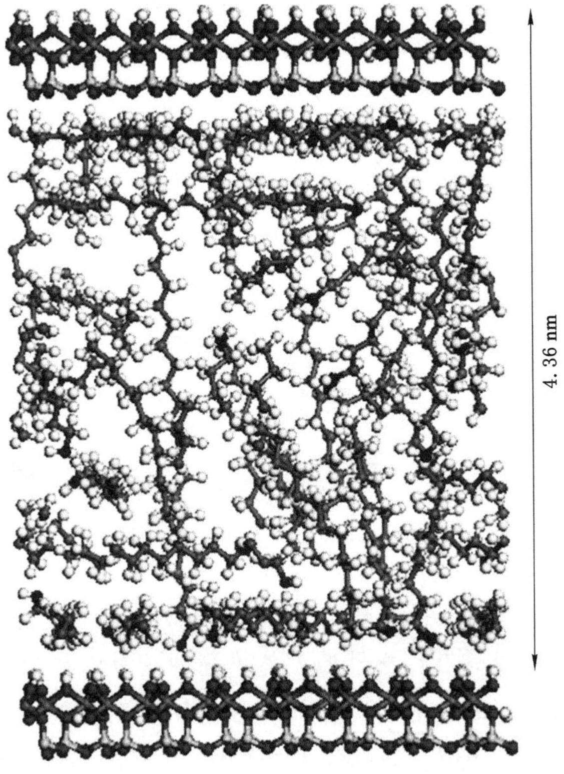

图 1-8　高岭石-十二胺插层复合物

1.2 高岭石-聚合物复合材料

自1987年日本丰田研究所首次将蒙脱土和尼龙利用原位插层聚合法制备了蒙脱土-尼龙复合材料后，掀起了黏土-聚合物复合材料制备的浪潮。黏土颗粒表面由于具有亲水性，与有机聚合物基体间的界面结合较弱，因此很难实现均匀分散在高黏度聚合物基体中，这阻碍了制备具有优异物化性能的黏土-聚合物复合材料。无机-有机聚合物复合材料的界面结合能可通过黏土矿物的表面改性加以改善，实现二者的交融共混。根据黏土矿物在聚合物基体中的分散状态，可将黏土-聚合物复合材料分为以下三种类型（图1-9）。在普通型黏土-聚合物复合材料中，黏土片层紧密堆叠，以大尺寸颗粒状分散在聚合物基体中。聚合物与黏土片层的接触仅局限在黏土颗粒的外表面，并没有充分应用到黏土颗粒的内表面。插层型复合材料是黏土层间域嵌入较少量的聚合物分子，一般只有1～2层聚合物单体嵌入黏土矿物层间。剥离型是比较理想的黏土-聚合物复合材料类型，黏土矿物以单片层或者片层数较少的状态均匀分散在聚合物基体中，可显著增强复合材料的机械力学性能与气体阻隔性能。黏土-聚合物复合材料的制备途径主要有插层聚合法、聚合物插层法、溶胶凝胶法、原位分散法和直接共混法等[54-57]。目前，以蒙脱石为填料的黏土-聚合物复合材料已经实现了工业化生产，蒙脱石在聚合物基体间的分散状态和复合材料性能之间的关系已经获得了充分认识，该方面相应的理论体系也获得全面发展。与之相比，高岭石-聚合物复合材料的相关研究相对较少。

Sugahara等[28]提出了制备高岭石-聚丙烯腈纳米复合材料的方法。该方法以高岭石-醋酸铵复合物为前驱体，用丙烯腈单体置换预先插入高岭石层间的醋酸铵来制备高岭石-丙烯腈复合体，再通过加热使丙烯腈单体原位聚合制得高岭石-聚丙烯腈纳米复合材料。随后，他们用类似的方法制备了高岭石-聚丙烯酰胺纳米复合材料[50]。Gardolinski等[31]利用聚合物插层法制备了高岭石-聚环氧乙烷纳米复合材料。该方法首先制备高岭石-DMSO插层复合物，然后将一定量的聚环氧乙烷与高岭石插层复合物混合于130 ℃条件下加热处理4 d制得高岭石-聚环氧乙烷复合材料。Matsumura等[29]利

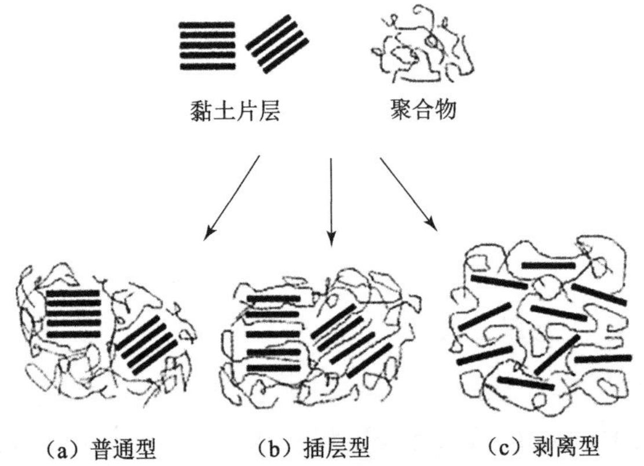

图 1-9　黏土-聚合物复合材料类型

用类似的置换插层法将 6-氨基己酸以高岭石-甲醇插层复合物为前驱体插入高岭石层间，再通过加热处理使 6-氨基己酸在高岭石层间原位聚合，从而合成高岭石-尼龙 6 纳米复合材料。从以上制备高岭石-聚合物纳米复合材料的方法可知，都需要对高岭石进行插层预处理，使高岭石层间域扩张松弛，从而有利于聚合物单体进入。

张玉德等[58-66]在应用高岭石作为橡胶填料制备高岭石-橡胶纳米复合材料方面做了深入系统的研究。他们采用熔融共混和乳液共混法利用改性高岭土作为补强剂制备了高岭石-丁苯橡胶复合材料，其力学性能和热稳定性都得到明显增强。程宏飞[67]研究了插层作用对高岭石粒度和片层结构的影响，以及对高岭石-橡胶复合材料机械力学性能的影响。研究发现，将直接磨剥的高岭石作为填料制备的高岭石-橡胶复合材料的拉伸强度为 2.99 MPa，将经过醋酸钾插层后再进行剥片的高岭石作为填料制备的高岭石-橡胶复合材料拉伸强度达到 5.73 MPa。张印民[68]系统研究了不同表面改性剂和改性工艺对高岭石表面性能的影响，以及对制备的高岭石-橡胶复合材料的机械力学性能和气体阻隔性能的影响。研究发现，改性剂能大幅度提高复合材料的静态力学性能、动态力学性能及气体阻隔性能。由此可知，对高岭石进行插层、剥片和表面改性可显著提高高岭石的附加值，增大其在黏土-橡胶复合材料中的应用价值。

1.3 高岭石分子模拟研究进展

高岭石插层与表面改性已经通过X射线衍射、红外光谱、核磁共振、中子衍射等方法得到系统研究[4,18,26,69-76]，可以推测高岭石插层复合物的结构特征以及插层剂和改性剂与高岭石层间域表面的相互作用，但很难在原子水平或分子水平直接给出黏土矿物与插层客体之间的界面作用过程。快速发展的分子模拟技术可以解决上述问题。随着计算机技术和交叉学科的快速发展，黏土矿物学家们开始将分子模拟技术应用于黏土矿物的表面特性以及层间域微观结构研究[77]。Boek等[78-79]采用分子模拟方法研究了蒙脱石吸水膨胀的过程，揭示了蒙脱石层间距会随层间吸水量的增加而增大，模拟得出的不同含水量的层间距与试验值相一致。Liu等[80]计算了Na基蒙脱石和K基蒙脱石层间域中Na^+和K^+的分布情况及水合特征，K^+可与蒙脱石表面形成比较强的静电引力作用，使K^+牢固束缚在蒙脱石表面氧原子的六元环中间区域，对水分子进入蒙脱石层间域起到一定的阻碍作用。针对蒙脱石层间域的有机改性，传统的试验方法只能根据层间距的大小与改性剂分子的大小，通过几何推算，提出改性剂在蒙脱石层间的排列构型。分子模拟可直观地可视化改性剂在层间域的排列方式。Zeng等[81-82]采用分子动力学模拟计算了长链烷基铵离子在蒙脱石层间的结构特征，发现烷基铵离子在蒙脱石层间呈现出单层、双层和假三层排列，与试验推测结果相符(图1-10)。对于双链烷基铵离子，还会出现假四层排列和单双层排列的过渡构型。这为改性剂在蒙脱石层间的结构研究提供了新的方法和思路。在过去的近20年中，诸多学者采用分子动力学模拟方法研究了不同表面改性剂在蒙脱石层间的界面结构以及与蒙脱石层间域表面的界面作用等[83-88]。

分子模拟方法最初所使用的力场只包含静电势能和范德华势能，在模拟过程中把黏土矿物各原子都固定住，将其视为刚性结构。但此方法有一定的局限性，因为黏土矿物表面原子的运动会影响到与其距离最近的水分子和溶剂分子的结构等特性。再者，与吸附行为相关的分子模拟过程中的界面活化能主要取决于吸附体的表面原子。如果将模拟体系视为刚性分子的话，那么由中子衍射所测得原子间的平均距离不能被实际模拟。考虑到

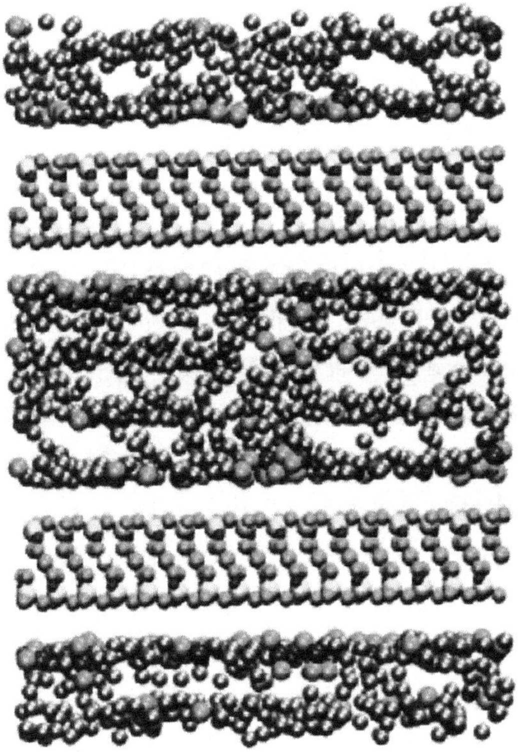

图 1-10　蒙脱石-DODDMA 复合体系模拟快照[81]

上述问题，Teppen 等[89]开发了适合于模拟黏土矿物的力场。该力场在 CFF91 力场[90]的基础上，嵌入了黏土矿物分子内的键结势能参数，包括键伸缩势能参数、键角弯曲势能参数和二面角扭曲势能参数以及非键结势能参数(包括库仑势能参数和范德华势能参数)。应用该力场对石英、三水铝石、高岭石和叶蜡石进行 NPT 系综分子动力学模拟，模拟的晶胞参数值与试验值相对比，误差均小于 1%。该力场所模拟的多氯联二苯在蒙脱石层间域的吸附能与试验值基本吻合[91](图 1-11)。Liu 等[92]采用该力场计算了 Na^+、K^+、Cs^+、Ca^{2+}蒙脱石在不同层间含水量的情况下对二噁英的吸附，通过分析二噁英氧原子和层间离子的径向分布，发现含不同层间阳离子的蒙脱石对二噁英的吸附能力为 $Cs^+ > K^+ > Ca^{2+} > Na^+$，与试验测得的不同蒙脱石的吸附能力相符，揭示了层间阳离子与二噁英之间的结合能是控制不同蒙脱石吸附能力的主要因素。Liu 等[91]还应用该力场计算了不同蒙脱石对多氯联二苯的吸附能,与试验测得的吸附能基本一致。

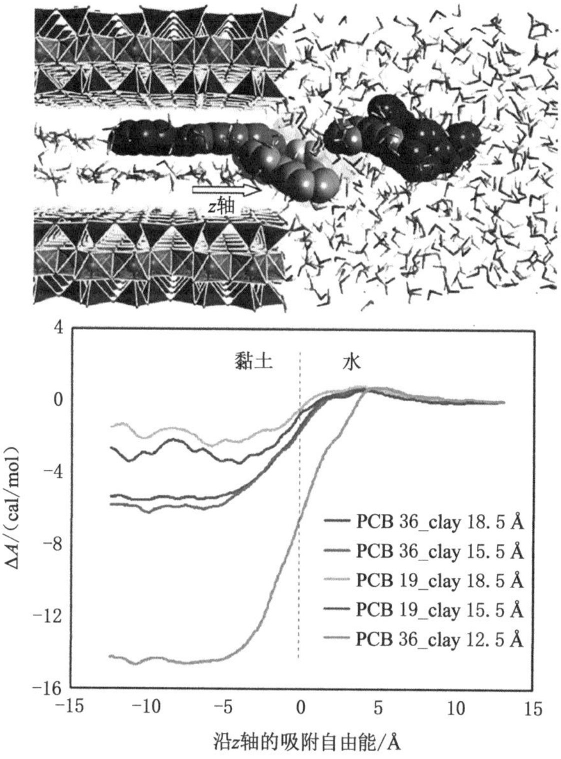

图 1-11 分子动力学模拟蒙脱石层间对多氯联二苯的吸附自由能[91]

Smirnov 等[93]采用分子动力学模拟分别研究了层间距为 0.85 nm 和 1 nm 的高岭石层间水分子的结构特征和动态信息。研究结果表明,水分子在高岭石层间呈现两种结构模式,一种是水分子吸附在硅氧层表面,水分子的 HH 矢量平行于高岭石层间域表面,其偶极矩矢量与垂直于高岭石表面方向的夹角为 30°。另一种是水分子的 HH 矢量与偶极矩矢量分别垂直于高岭石层间域表面和平行于层间域表面。随着高岭石层间距和层间水分子量的增加,高岭石层间形成一个水分子层。该层水分子的氧原子与层间域铝氧面上羟基中的氢原子形成氢键。此外,研究还发现,与液态水相比,束缚在高岭石层间的水分子的扩散系数明显降低,对在原子水平理解影响高岭石表面水分子的取向、移动和转动并用于造纸涂料色素分散体的制备具有重要启示作用。Warne 等[94]模拟了水分子在高岭石和无定形二氧化硅表面的行为，与之前的模拟不同，黏土矿物和二氧化硅的原子没有被固定，所有原子在模拟过程中都可以自由移动。模拟结果显示，水分子扩散系数明显降低和转动相关时间明显增长。

Yu 等[95]最早模拟了水化高岭石对三氯乙烯的吸附，揭示了在自然界中，随着高岭石层间水含量的增加，三氯乙烯在高岭石层间的存在形式。当水含量较少时，三氯乙烯分子与高岭石层间的硅氧层面和铝氧层面几乎呈“全原子接触”关系，三氯乙烯的分子平面平行于高岭石层间域表面。当水含量增加时，三氯乙烯与高岭石层间域的全原子接触被破坏。此时，三氯乙烯与高岭石层间域表面呈“单原子接触”关系，仅三氯乙烯的氯原子与高岭石层间域表面原子之间形成键合，其他原子与层间水分子形成氢键键合。随着层间水含量的进一步增加，层间水完全破坏三氯乙烯与高岭石层间域表面的键合，起到类似溶剂的作用，将高岭石层间的三氯乙烯完全溶解。van Duin等[96]模拟了单一苯并咔唑分子在水化高岭石表面的吸附热，结果表明苯并咔唑同分异构体更倾向于吸附在水化高岭石表面而不是在液相条件下被解离于高岭石表面。Vasconcelos 等[97]应用 ClayFF 力场[98]模拟了高岭石表面在液相环境下对 Cs^+、Na^+、Cd^{2+} 和 Pb^{2+} 的吸附(图 1-12)。研究表明，溶液中的阳离子倾向于吸附在硅氧层表面，而阴离子倾向于吸附在铝氧层表面。Cs^+ 倾向于在硅氧层的复三方孔中与硅氧层形成较强的内配位复合体，Na^+ 可随机内配位吸附在硅氧层表面，部分 Cs^+ 和 Na^+ 在 Cl^- 的驱使下也与铝氧层形成内配位吸附，二价的 Cd^{2+} 和 Pb^{2+} 可在硅氧层的复三方孔上方与之形成较强的外配位吸附。Yang 等[99]也采用 ClayFF 力场模拟了高岭石对铀酰的吸附，包括四种不同类型的内配位吸附复合体系和一种外配位吸附复合体系，研究了铀酰在高岭石层间域表面吸附的几何结构。

插层剥片是制备纳米高岭土的有效途径，理解高岭石与插层剂间的界面结构和界面作用可为寻找和合成高效插层剂以及高岭石插层的试验设计提供理论指导。Fang 等[100]对高岭石-二甲基亚砜插层复合物进行了分子动力学模拟，计算了二甲基亚砜分子数量与插层复合物层间距的关系及二甲基亚砜分子的结构特征。随着二甲基亚砜分子数量的增加，插层复合物的

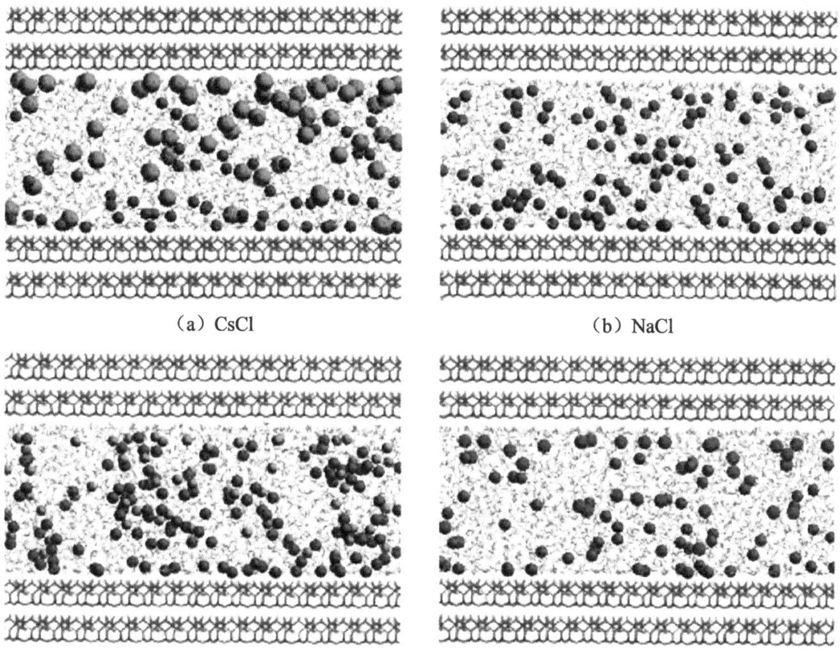

（a）CsCl　（b）NaCl

（c）$CdCl_2$　（d）$PbCl_2$

图 1-12　Cs^+、Na^+、Cd^{2+} 和 Pb^{2+} 在高岭石层间吸附的结构图[97]

层间距经历了三种状态：① 层间距缓慢增大，二甲基亚砜在高岭石层间呈单层分布；② 层间距增加幅度增大，二甲基亚砜在高岭石层间由单分子层向双分子层过渡；③ 层间距大幅度增加，此时二甲基亚砜在高岭石层间呈双层分布。通过相互作用能的计算发现，二甲基亚砜分子在高岭石层间呈单层分布时能量降低，当从单层向双层过渡时能量又突然增加，说明二甲基亚砜在高岭石层间的稳定构型为单分子层，如果形成双分子层，那么需要有额外的驱动力克服能垒。通过对二甲基亚砜的结构计算发现二甲基亚砜分子的一个 S—C 键平行于高岭石表面，另一个 S—C 键垂直于高岭石表面，指向高岭石硅氧面的复三方孔。Rutkai 等[101-104]在 NPT 系综下分别对二甲基亚砜、甲酰胺、甲醇、尿素插层高岭石复合体系进行了分子模拟，探讨了插层复合物层间距与插层剂分子数的关系，采用与 Fang 等[100]类似的方法描述了插层剂在高岭石层间的结构特征。

1.4 选题目的、意义及主要研究内容

1.4.1 选题目的及意义

黏土-橡胶复合材料是以橡胶为基体，依靠黏土片层与橡胶分子的相互作用使黏土颗粒均匀分散在橡胶基体中从而制备出的。黏土颗粒具有独特的片层状结构、天然的纳米尺寸、较大的比表面积和稳定的物理化学性质，如果能够均匀分散在橡胶基体中，可与橡胶基体之间产生较强的界面结合能。由此制备的黏土-橡胶复合材料具有优异的机械力学性能和气体阻隔性能。

高岭石是应用比较广泛的黏土矿物之一。在我国，高岭土资源成因类型齐全、储量丰富、质地优良，在制备黏土-聚合物复合材料、污水处理、土壤修复等领域具有广阔的应用前景。迄今为止，我国高岭土开发利用过程经历了由初级加工向精深加工、由单一产品向系列产品的发展过程。在相关产业中，有一半以上为原矿生产，深加工产品较少。在我国低碳经济发展以及产业升级的需求下，高岭石产品的精细化加工迫在眉睫。对高岭石进行插层、剥片及表面改性是实现高岭石颗粒纳米化及表面修饰等精细化加工的必要手段。

高岭石片层间的氢键作用使高岭石颗粒容易发生团聚，插层作用可有效减弱高岭石层间的结合能，再通过机械磨剥使高岭石片层有效剥离，从而实现高岭石颗粒的纳米化，同时保持高岭石原始的片层形貌。高岭石表面具有亲水性特征限制了其应用范围，尤其是当用作补强剂添加到疏水性聚合物基体中，高岭石片层很难实现与聚合物基体的界面相融，导致不能达到很好的补强效果，因此提出使用表面改性剂对高岭石表面进行化学修饰。改性剂可作为黏结剂将高岭石片层和聚合物基体连接起来，提高高岭石片层与聚合物的亲和性，可使高岭石片层均匀分散在聚合物基体中，从而提高复合材料的机械力学性能和气体阻隔性能等。

到目前为止，研究发现只有有限的几种有机小分子可直接进入高岭石层间域实现插层，而大分子表面改性剂则需要通过间接插层法实现高岭石

层间域改性。虽然高岭石插层复合物已经通过X射线衍射、红外光谱、拉曼光谱和核磁共振等手段得到广泛研究，但高岭石-有机物层间域在原子尺度范围内的界面结构和界面作用尚无定论，有机化合物进入高岭石层间域的驱动因素尚不明晰。因此，本书采用分子模拟方法深入剖析了高岭石-有机化合物层间域在原子尺度的界面结构和界面作用，以及驱动有机化合物进入高岭石层间域的作用机制，旨在对选择和合成理想的有机化合物、为高岭石层间域插层与有机改性的试验方案提供必要的理论指导。

1.4.2 研究内容

在本次研究中选择常用的有机化合物尿素、二甲基亚砜和大分子表面改性剂十二胺制备了高岭石-尿素、高岭石-二甲基亚砜和高岭石-十二胺插层复合物。采用X射线衍射、红外光谱和热重分析研究了插层复合物的层间距变化、层间域结构和热行为。

结合XRD和热重分析计算出高岭石与有机化合物的摩尔比，根据摩尔比构建高岭石-有机化合物复合分子模型，对构建的复合体系进行分子动力学模拟。在体系达到能量平衡后输出的轨迹文件基础上计算有机化合物在高岭石及其层间域的原子密度分布、有机化合物官能团与高岭石层间域表面官能团的径向分布函数，以及有机化合物与层间域硅氧面和铝氧面的相互作用能等，在原子尺度范围内深入剖析高岭石-有机化合物层间域的界面结构和界面作用机理。

为了探索大分子有机化合物对高岭石-甲醇复合体层间域进行插层的热力学机理，构建了高岭石层间域-液相两相复合分子模型。采用自适应偏置力分子动力学模拟计算了携带电中性和离子官能团的烷烃链改性剂在高岭石层间域和周围液相环境中运移过程的自由能变化。通过对自由能的分解，计算了改性剂与高岭石-甲醇复合体层间域的相互作用能，分析了大分子表面改性剂对高岭石-甲醇前驱体进行插层的主要驱动力来源。

1.4.3 创新点

① 本书结合XRD、热重分析、红外光谱和分子动力学模拟在试验和理论层面同步研究了高岭石-有机化合物层间域的界面结构和界面作用。

② 高岭石-有机小分子复合分子模型是根据热重分析所得出的高岭石与有机化合物的摩尔比构建的。

③ 采用相互作用能的计算方法量化了高岭石层间域铝氧面和硅氧面对有机化合物的亲和性;采用氢键统计直接计算了高岭石层间域表面官能团和有机化合物官能团的氢键数量以及键长。

④ 采用自适应偏置力分子动力学模拟计算了具有电中性和离子官能团的烷烃链表面改性剂在高岭石-甲醇复合体插层过程中的自由能变化;通过对自由能的分解计算了表面改性剂与高岭石-甲醇复合体层间域的相互作用能,量化了控制不同表面改性剂进入高岭石层间域的驱动力。

第2章　分子动力学模拟

分子模拟是通过模拟或仿真分子的结构与行为，预测宏观体系的物理与化学性质。该方法兴起于20世纪下半叶，随着经验力场的不断发展以及高性能计算机的普及，目前分子模拟已经成为生物学家、化学家及材料学家的得力助手。第一性原理计算、分子动力学和蒙特卡洛模拟应用最为广泛，它们的计算原理不同，可模拟的物化性能和适用体系也不同。第一性原理计算可准确描述体系内原子的电子行为，从而计算研究体系基于电子行为的物化性能或化学反应过程等。分子动力学模拟以经验力场和牛顿运动力学为计算基础，将原子间的作用等效为质点系的运动，原子的运动遵从牛顿第二定律，可准确计算庞大体系的稳定构象、热力学性质及振动光谱等。计算机模拟在科研中已成为科学家的得力工具，可探索试验方法难以窥探的微观世界。分子模拟不同于传统的试验方法，既不用观测试验事实，也不需要假定数学公式，可凭借物理化学原理和合理的分子结构模型计算出客观事物变化的过程与结果[105]。分子模拟可以对微观结构进行直接观测，其结果可用于检测和改进各种物理模型，还可以直接模拟试验数据。尤其是在极端环境下，如超高温和超高压等试验方法难以实现的情况下，或者试剂有剧毒的情况下，分子模拟更展现出其独特的优势[106]。

2.1　分子动力学模拟简介

分子动力学模拟是依据经典牛顿力学的计算方法，将体系能量视为原子核位置的函数。依照伯恩-奥本海默近似原理，在计算过程中不考虑原子、电子的行为，而是将体系中的每个原子视为质点，并赋予其特定的势能参数。这些参数可经由量子力学计算或试验方法拟合得到。分子动力学模拟更适合于原子数较大的复杂体系，所需计算的时间相对较小，可在短时间内得出体系的宏观物理性质。目前分子动力学是计算庞大复杂体系应用最为广泛的手段，其计算过程以势能函数(通常称之为力场和牛顿运动力学原理)为基础。分子动力学模拟计算精确度高，所模拟的体系内原子的运动有合理的物理理论依据。体系能量达到平衡后，根据体系内原子的运动轨迹可获得系统的动态及热力学信息，可用于体系宏观物理化学性质的分析[107]。分子动力学模拟依赖描述原子间相互作用的势能函数(也就是力场)。随着力场的不断发展和完善，现在模拟对象可覆盖各个领域。但分子动力学模拟也存在不足之处，由于该计算基于的是数理积分方法，所模拟的时间尺度相对较小，所以对于需要时间尺度较大的模拟问题略显不足。为了利用分子动力学研究更长时间尺度的分子构象，需要提升计算机的计算能力和改进分子动力学计算方法。分子动力学模拟在计算过程中首先将 N 个粒子所构成的系统抽象成 N 个相互作用的质点，每个质点都具有特定的坐标、质量和电荷以及其他势能参数。按照初始设定的温度，根据玻尔兹曼分布随机指定各个质点的初始速度，然后根据力场中相应的键结与非键结势能函数来计算体系中粒子间的相互作用以及各个质点所受的力。然后根据牛顿力学方程计算出各个质点的加速度和速度，得到指定积分步长后各个质点新的坐标和速度。经过一定的积分步数后，所有质点都有了运动轨迹。最后在系统能量平衡后的原子轨迹基础上挖掘体系的热力学、动力学等信息[108]。

2.2 力场

力场是分子动力学模拟所依赖的计算体系能量的势能函数，对计算结果的成功与否及精确度具有决定性。力场主要包含三个部分：势能函数类型、所包含的原子类型和力场参数，其中力场参数是赋予体系中不同原子的键结势能与非键结势能函数的参数。力场的原子类型用于区分不同原子或者处于不同化学环境的相同原子，包含原子的质量、局部电荷、杂化类型等。

力场的势能函数用数学公式来描述原子间的势能（包括键结势能和非键结势能）。其中，键结势能用于描述分子内的势能，如化学键的伸缩振动、键角的弯曲振动以及二面角的扭曲振动。非键结势能用于描述分子间的势能，主要是范德华势能、库仑势能以及氢键作用。力场用抽象的数学公式来表达不同类型原子间的势能。由于数学公式是唯象的，牺牲了物理意义本身，因此所计算出来的值都是对能量的近似[108]。针对特定的模拟体系和模拟目的，诸多学者开发了具有不同函数形式的力场。分子动力学计算结果的可靠性与选用的力场及设定的力场参数密切相关。力场本身是用于分子间势能近似的计算方法，如果需要准确计算具有实际物理意义的能量，则需要用量子力学方法，因为该方法可准确描述体系的电子行为，但其只适用于原子数小于 500 的小体系模型。在多数情况下，我们不关心分子势能的绝对值，而只关心势能的相对变化，这时以力场为基础的分子动力学模拟是最佳选择。力场是拟合分子真实势能的产物，其本质是经验的，因此，每个力场通常情况下适用于特定化合物群组，几乎没有万能的力场可适用于所有物质，较常用的力场有 AMBER 力场[109]、OPLS 力场[110]及 PCFF 力场[90]等。这些力场都是针对特定的模拟对象如聚合物高分子、蛋白质分子、有机溶剂等发展起来的，各有其优缺点及适用范围。随着分子动力学模拟的发展，Mayo 等[111]开发了从原子角度为出发点的 DREIDING 力场，该力场包含了周期表中大部分元素的势能参数，适用范围较广。模拟体系的总势能包括各类型势能的总和：总势能等于键伸缩势能（E_b）、键角弯曲势能（E_θ）、二面角扭曲势能（E_φ）、离平面振动势能（E_χ）、范德华势能（E_{vdW}）和库仑势能（E_{el}）的加和。

Lennard-Jones（L-J）势能函数通常用来计算原子间的范德华势能。以 12-6 势能为例，其函数形式为：

$$E_{vdW}=4\varepsilon\left[\left(\frac{\sigma}{\gamma}\right)^{12}-\left(\frac{\sigma}{\gamma}\right)^{6}\right] \tag{2-1}$$

式中　γ——原子间的距离；

ε、σ——势能参数，σ 代表原子间的平衡距离，而 ε 代表 L-J 势能曲线的深度。

两种不同原子间的 L-J 势能参数通常以下式计算：

$$\sigma_{AB}=\frac{1}{2}(\sigma_A+\sigma_B),\varepsilon_{AB}=\sqrt{\varepsilon_A\times\varepsilon_B} \tag{2-2}$$

式中　A、B——两种不同的原子。

库仑势能作用项的一般形式为：

$$E_{\mathrm{el}} = \sum_{i,j} \frac{q_i q_j}{D r_{ij}} \tag{2-3}$$

式中　r_{ij}——i 粒子与 j 粒子间的距离；

q_i、q_j——模拟体系中 i 粒子与 j 粒子所带的电荷；

D——有效介电常数。

键的伸缩势能函数为键长的简谐振动形式：

$$E_{\mathrm{b}} = \frac{1}{2} \sum_{ij} k_{\mathrm{b},ij} (r_{ij} - r_0)^2 \tag{2-4}$$

式中　r_{ij}、r_0——原子 i 和原子 j 之间的键长及其平衡键长；

k_{b}——键伸缩的弹力常数。

键角的简谐振动用来计算键角的弯曲势能：

$$E_{\theta} = \frac{1}{2} \sum_{ijk} k_{\theta,ijk} (\theta_{ijk} - \theta_0)^2 \tag{2-5}$$

式中　θ_{ijk}、θ_0——由原子 i、j、k 组成的键角及其平衡键角；

k_{θ}——键角弯曲的弹力常数。

二面角扭曲势能的函数形式一般为：

$$E_{\varphi} = \frac{1}{2} \sum_{ijkl} [V_1 (1 + \cos \varphi_{ijkl}) + V_2 (1 - \cos 2\varphi_{ijkl}) + V_3 (1 + \cos 3\varphi_{ijkl})] \tag{2-6}$$

式中　φ——二面角的角度；

V_1、V_2、V_3——二面角扭曲的弹力常数。

离平面振动项的函数形式为：

$$E_{\chi} = \frac{1}{2} \sum_{i} k_{\chi} \chi^2 \tag{2-7}$$

式中　χ——离平面振动的角度；

k_{χ}——离平面振动的弹力常数。

以上势能函数是常见力场中较常用的函数形式，为了提高计算精度，有的力场在键的伸缩势能项和键角弯曲势能项还添加了三次与四次非简谐振动项。上述分子内键结作用之间的耦合也会引起能量变化，称之为交叉能量项，如键伸缩-键伸缩、键角弯曲-键角弯曲、键伸缩-键角弯曲-键伸缩等，在较高要求时需要计算交叉能量项。

初期力场的设计主要针对生化分子和聚合物等有机体系。交叉学科的发展,需要力场能够描述更广泛的物质体系,如有机-无机复合体系、固-液和固-气复合体系等。针对黏土矿物,早期分子模拟所采用的力场只包含库仑势能和范德华势能,在分子模拟过程中把黏土矿物的各原子都固定住,将其视为刚性分子。随着分子模拟在黏土矿物结构和表面特性研究中的应用,目前发展了三个主要力场分别是 Teppen 等[89]于 1997 年开发的 Clay Force Field、Cygan 等[98]在 2004 年开发的 ClayFF 和 Heinz 等[84,112]在 2005 年开发并于 2013 年正式命名的 INTERFACE Force Field。这三个力场都建立在已经发展较成熟的力场基础之上,采用与 CVFF 和 PCFF 相同的势能函数,将能够准确描述黏土矿物晶体结构的力场参数嵌入 CVFF 和 PCFF,从而可以计算黏土矿物与其他有机化合物的复合体系。力场参数的开发流程如图 2-1 所示。

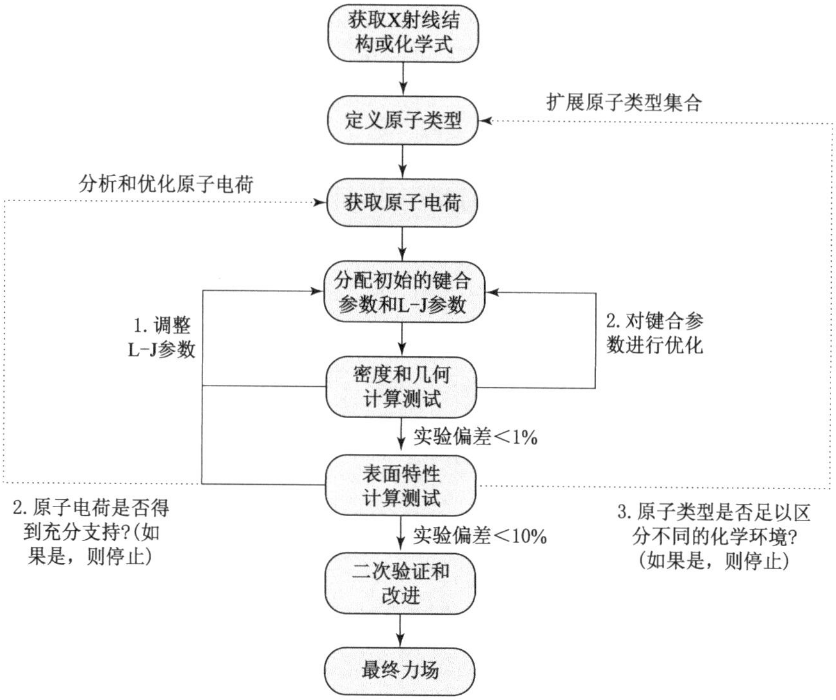

图 2-1　力场参数开发流程图

这些力场是目前针对黏土矿物、黏土矿物-有机物和黏土矿物-液相体系应用最多的力场[91-92,113-117]。由这些力场计算的黏土矿物晶体结构参数以及黏土矿物-有机物复合体系的层间距均能较准确地再现试验值[112]。

2.3 牛顿运动方程数值解法

模拟体系的能量为系统中分子的动能与系统势能的总和。模拟体系中各原子位置的函数 $U(\vec{r}_1,\vec{r}_2,\cdots,\vec{r}_n)$ 代表总势能。势能通常分为分子间势能和分子内势能。分子间势能代表非键结的库仑势能和范德华势能。分子内势能则包括各类型的键角弯曲势能、键伸缩势能、二面角扭曲势能和离平面势能的加和。根据经典力学理论，模拟体系中任何一原子 i 所受的力为总势能的梯度：

$$\overrightarrow{F_i}=-\nabla_i U=-\left(\vec{i}\,\frac{\partial}{\partial_{xi}}+\vec{j}\,\frac{\partial}{\partial_{yi}}+\vec{k}\,\frac{\partial}{\partial_{zi}}\right)U \tag{2-8}$$

根据牛顿运动定律可得 i 原子的加速度：

$$\vec{a}=\frac{\overrightarrow{F_i}}{m_i} \tag{2-9}$$

根据牛顿运动定律方程式对时间积分，可推测 i 原子经过时间 t 后的速度和位置：

$$\frac{\mathrm{d}^2}{\mathrm{d}_{t^2}}\overrightarrow{r_i}=\frac{\mathrm{d}}{\mathrm{d}_t}\overrightarrow{v_i}=\vec{a}_i \tag{2-10}$$

$$\overrightarrow{v_i}=\overrightarrow{v_i^0}+\overrightarrow{a_i}t \tag{2-11}$$

$$\overrightarrow{r_i}=\overrightarrow{r_i^0}+\overrightarrow{v_i^0}t+\frac{1}{2}\overrightarrow{a_i}t^2 \tag{2-12}$$

式中 $\overrightarrow{r_i}$、$\overrightarrow{v_i}$——i 原子的位置与速度；

上标 0——各物理量的初始值。

分子动力学模拟的原理就是依据牛顿运动定律的上述公式计算模拟体系中所有原子在一定时间内位置的轨迹和速度变化等信息。利用平衡构象中原子运动的轨迹可以统计宏观的物理量，从而得到模拟体系的热力学和动态信息等[107]。

2.4 周期性边界条件和最近影像法

在分子动力学模拟过程中，体系的密度应等于试验所测定的密度，为了保证体系密度的恒定，将周期性边界添加到模拟体系的三维方向。图 2-2 所示的是二维体系中原子的排列结构及运移方向。位于图中间的灰色区域表示所模拟的体系，体系周围区域中的原子与模拟体系中的原子排列及运动方式都一致，此体系称为周期性镜像系统。在分子动力学模拟过程中，如果模拟体系中的任意原子跳至灰色区域以外，则在相邻镜像系统中会有一个相应的原子由相对的方向进入模拟体系，正如图中的 b 粒子所示。这样可以使模拟体系中的原子数目保持不变，从而保持体系密度的恒定。此方法适用于矿物结构的模拟，因为矿物具有晶体结构，在某个维度上具有周期性重复特征，因此可用周期性边界条件来代表矿物的宏观结构。这样可以大量减少计算时间，节省计算资源，是分子模拟中普遍使用的方法。而对于非晶体体系，如水相和气相环境，水分子和气体分子的运动具有随机性，不具备矿物晶体那样周期性重复结构，因此必须构建比较大的模拟体系来代表整个宏观体系。在计算非晶相体系时，通常要建立相对较大的模拟盒子来弱化尺寸效应引起的计算精度问题[118]。

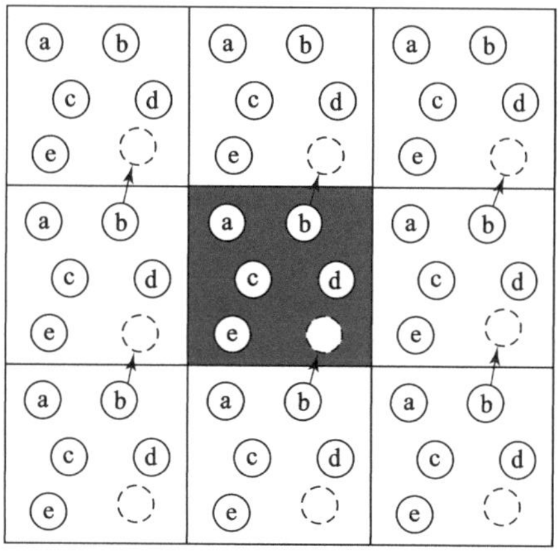

图 2-2　二维周期性系统的粒子排列与移动

在分子动力学模拟过程中最近镜像法通常被用来计算分子间作用力，如图 2-3 所示。当计算中间灰色区域内原子 a 与 b 的相互作用时，选取位于盒子 4 中与 a 距离最近的镜像原子 b，而非灰色区域中的原子 b。因为在模拟过程中使用最近镜像的原则，截断半径的方法被用来计算非键结远程作用力，否则会因为重复计算原子间的势能而导致错误的结果。在实际的分子动力学模拟过程中，将原子间距离大于截断半径的势能忽略不计，截断半径一般不能超过模拟体系最小尺寸的二分之一[107-108]。

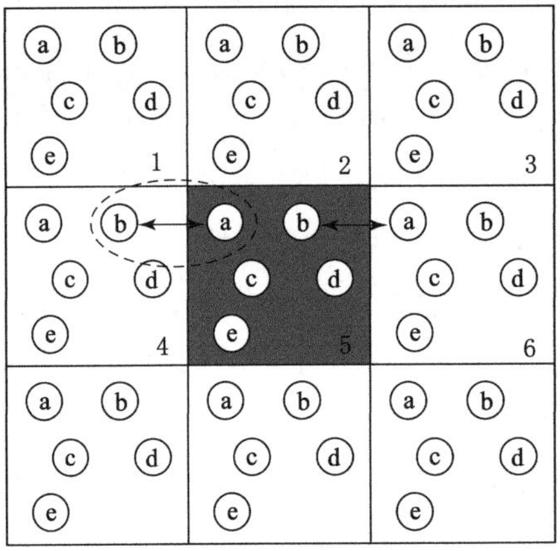

图 2-3　模拟体系中粒子的最近镜像

2.5　系综简介

在统计物理中，系综代表具有类似性质体系的集合。当体系处于平衡状态时，系综中每个独立单元的性质与整个体系的热力学性质基本一致。体系的宏观热力学性质就是一切可能微观运动状态的平均。在分子动力学中，系综应该根据研究体系性质的不同来选取。微正则系综、正则系综和等温等压系综是分子动力学中经常用到的系综。

(1) 微正则系综(NVE)

该系综是能量和粒子数固定的孤立系综，与外界无能量交换，也无粒子交换。原子数 N、体积 V 和能量 E 在模拟过程中都保持不变，压力和温度在平衡值附近波动。

(2) 正则系综(NVT)

正则系综是指恒定的粒子数 N 在恒定的体积 V 中保持恒定的温度 T，总能量 E 和系统压强 P 在平均值附近波动。平衡体系为封闭系统，与大热源热接触，通过能量交换达到热平衡。

(3) 等温等压系综(NPT)

等温等压系综顾名思义就是保持粒子数、压强和温度不变，总能量 E 和体积 V 存在起伏。

2.6　数据分析

在分子动力学模拟过程中，当体系达到能量平衡后，可统计体系的热力学性质、光谱性质以及自由能变化等。

2.6.1　原子轨迹分析

在分子动力学模拟过程中，可以记录每一时刻每个原子或基团的坐标和速度，这些随着时间变化的原子坐标可以反映出系统中各原子的运动轨迹。利用记录的轨迹可以直观地看到不同原子或基团的动态信息。例如在有关吸附行为的分子动力学模拟中，通过记录吸附质和吸附体的轨迹可以很直观地得到吸附质在吸附体上的确切吸附点位。原子轨迹还可以用来统计某种构象的分布概率。一般说来，出现的概率越大证明此种类型的构象越稳定。例如，在 Rutkai 等[102]针对高岭石-尿素插层复合物的分子动力学模拟研究中，通过统计尿素 C═O 键矢量与垂直于高岭石表面方向的夹角分布概率以及尿素分子平面法向量与垂直于高岭石表面方向的夹角分布概率，发现尿素在高岭石层间的稳定构型如图 2-4 所示。

2.6.2　原子密度分析

原子密度分析是指根据输出的轨迹文件，统计某一原子在特定方向上不同位置的分布，其计算公式如下：

$$\rho(X_i, z) = n\left(z - \frac{\delta}{2}, z + \frac{\delta}{2}\right) / (\delta \times S) \tag{2-13}$$

式中 z——在特定方向上 X_i 原子的坐标值；

n——X_i 原子的数量；

δ——设定的与 z 坐标特定方向的距离差；

S——模拟体系的横截面积。

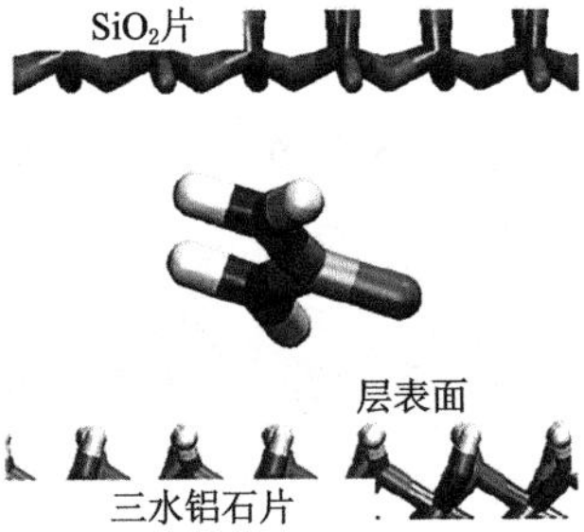

图 2-4　尿素在高岭石层间的结构图[102]

2.6.3　径向分布函数

径向分布函数(RDF)是推测粒子 A 和 B 之间相互作用最简单和有效的关系式，其物理意义是距离原子 A 在 dr 距离内粒子 B 的出现频率，其计算公式如式(2-14)所示[119]。对径向分布函数峰值的积分是配位数(RCN)，可用于统计粒子 A 和 B 之间的配位情况。

$$G_{\mathrm{AB}}(r)=\frac{1}{4\pi\rho_{\mathrm{B}}r^{2}}\frac{\mathrm{d}n_{\mathrm{AB}}}{\mathrm{d}r} \tag{2-14}$$

式中 ρ_{B}——B 原子的数量密度；

$\mathrm{d}n_{\mathrm{AB}}$——距离 A 原子 r 到 $r+\mathrm{d}r$ 范围内 B 原子的平均数。

2.6.4　均方位移

在分子动力学模拟过程中，体系中的每个原子都由最初的位置不停运动，每一时间节点各原子的坐标皆不相同。均方位移可通过计算原子位移平方的平均值求得。根据爱因斯坦扩散定律[119]，均方位移对时间的斜率代表扩散系数，公式如下：

$$\frac{1}{N}\sum_{\mathrm{i}=1}^{N}\langle\,|\vec{r}_i(t)-\vec{r}_i(0)|^2\,\rangle=2dDt \tag{2-15}$$

式(2-15)中，等号左边代表均方位移，N 代表模拟体系内原子的数目，$\vec{r}_i(t)$ 表示第 i 个原子在 t 时刻的位置，d 是扩散维度，$d=3$ 代表三维空间，D 是扩散系数。

2.6.5　氢键计算

在分子模拟中氢键的定义有能量标准和几何标准两种。目前没有一种完全精确的标准能够判断两个分子是否形成氢键。在本书中，采用几何判断标准。氢键形成的判断依据是 H…Y 之间的距离小于 3.2 Å，而且 X-H…Y 之间的夹角大于 90°，Y 和 X 分别代表氢键受体和氢键给体[120]。

2.6.6　相互作用能

相互作用能代表由 A 和 B 组成的界面体系中 A 与 B 之间的结合能，其计算方法为 A 与 B 复合体系的总能量减去单独 A 体系与单独 B 体系的能量之和。以力场为基础的相互作用能包含库仑势能、范德华势能和氢键能。因为分子动力学模拟的势能函数中用库仑势能、范德华势能和氢键能来描述分子间的相互作用。较常用的 AMBER、CHARMM、CVFF、DREIDING 和 OPLS-AA 力场把氢键作用包含在了库仑势能和范德华势能中[112]。

2.6.7　自由能

由分子动力学模拟计算的吉布斯自由能可用于判断不同有机改性剂对黏土层间域改性的可行性和难易程度。前人的研究表明，通过分子动力学模拟计算的自由能可与试验值保持在 1 kcal/mol 的误差范围内[121]。自由能微扰(free energy perturbation，FEP)、热力学积分(thermodynamics integration，TI)[122]以及伞形采样(umbrella sampling，US)[123]是分子动力学计算自由能较常用的方法。本书的自由能计算采用基于热力学积分的自适应偏置力(adaptive biasing force，ABF)方法[124]。Liu 等[91]采用该方法计算了黏土矿物对多氯联二苯类化合物的吸附自由能，与试验测得的吸附自由能值比较吻合，表明自适应偏置力方法是一种高效准确的自由能计算方法。

2.7 模拟软件介绍

较常用的可用于大规模并行计算的分子动力学模拟软件包括 NAMD、GROMACS、AMBER、LAMMPS、Material Studio 等。NAMD 适用于大分子体系,其尺度可横跨微观至介观,并行处理较好,可以支持几千个 CPU 同时运算。该软件适合模拟蛋白质、核酸、细胞膜等体系。GROMACS 和 AMBER 适用于研究生物分子体系如蛋白质、核苷酸、糖等。GROMACS 与同类软件相比进行了大量的算法优化,使其计算功能更强大。AMBER 具有很好的内置模型,可方便自定义新分子势能模型。Material Studio 是主要用于材料设计的多功能分子模拟软件,包括多个模块,可用于量子化学计算,如 CASTEP 模块和分子动力学模拟。Material Studio 具有友好的图形界面,可方便建模和分子模拟操作。LAMMPS 软件是美国桑迪亚国家实验室开发的一款通用的大规模分子动力学并行计算软件,该软件适用于材料科学领域,支持多种力场和边界条件来模拟全原子、聚合物、金属、粒状和粗粒化体系。LAMMPS 软件为开源软件,以 C++编写,支持用户自行修改和扩展,应用十分广泛。

第 3 章　高岭石-尿素插层复合物热行为及分子动力学模拟

黏土矿物是自然界中广泛存在的天然纳米材料，已经被广泛应用在工业生产和环境保护等领域[125-126]。黏土矿物插层是将分子或离子客体插入黏土矿物层间域，此过程对黏土矿物的精细化加工和提高其附加值具有重要意义。插层作用可以增大黏土矿物层间域，并对层间域表面进行化学修饰，可用于催化、吸附材料、光电材料和黏土-聚合物复合材料的合成[127-129]。在黏土矿物材料中，针对蒙脱石的研究和应用最广泛也最深入，因为蒙脱石层间域存在丰富的可交换性阳离子，具有较强的离子交换能力和较大的比表面积。高岭石属于 1∶1 型层状硅酸盐矿物，其结构化学式为 $Al_4Si_4O_{10}(OH)_8$。高岭石的基本结构单元由一层铝氧八面体和一层硅氧四面体组成，中间被共用的一层氧原子所连接。在基本结构单元之间存在氢键作用将上下相邻的单元层连接起来。高岭石层间氢键作用形成于铝氧层的表面羟基和硅氧面的基面氧原子之间。一般说来，高岭石晶体结构呈现电中性，因为其晶体结构中的同晶替换现象很少。高岭石层间的氢键作用导致对其层间域的插层很难发生。但高岭石层间域中存在两个化学性质完全不同的内表面：铝氧八面体面覆盖有一层表面羟基，硅氧四面体面覆盖有一层基面氧原子。两个表面都可作为氢键给体或受体驱动插层客体进入高岭石层间[9]。此外，高岭石铝氧面的羟基还能通过化学反应使化合物嫁接在铝氧面上形成稳定的无机-有机复合材料。通过此类方法形成的复合材料具有较高的化学稳定性和热稳定性[8,10]。在过去的 20 年中，高岭石插层和剥片已被广泛用于开发高附加值高岭石产品，并用于高性能吸附材料和黏土-聚合物复合材料[130-131]。

剥片是对高岭石的堆叠片层进行剥离的有效手段，可使高岭石的粒度细化和均一化，并提高片层的径厚比。此类高岭石产品在高岭石-聚合物复合材料方面具有广阔的应用前景。此外，高岭石片层被剥离后，其比表面积可大幅度提高，并且表现出优越的物化性能[132-134]。机械磨剥是传统的剥片技术。研究发现，在高岭石剥片之前，对其进行插层可有效提升剥片效果。因为插层可减弱高岭石片层间的结合力，从而有助于其剥片。尿素、醋酸钾、二甲基亚砜和肼等有机极性小分子是常用的插层剂[75,132,134]。以尿素为例，它具有两种活性官能团，即 C ═O 官能团和 NH_2 官能团，它们可作为氢键受体和给体形成氢键作用。尿素较容易与高岭石的内表面形成氢键，从而促进其插层。高岭石-尿素插层复合物已经通过 X 射线衍射、红外光谱和拉曼光谱等技术得到广泛研究[4,76,135-136]。然而针对尿素的插层机理目前尚不明晰。分子动力学模拟可在原子尺度范围内有效研究矿物表面和有机化合物的界面作用机理[137-140]。在前人的研究中，分子动力学模拟只是描述了有机小分子在高岭石层间域的结构特征[100-101]，没有从能量角度解释其插层机理。Tunega 等[141-142]曾用量子化学计算了有机小分子在高岭石表面的吸附能，但模拟体系相对较小、模型较简单。为了更深入地研究高岭石插层的驱动机理，本书在试验分析的基础上构建了高岭石-尿素复合分子模型，并对其进行了分子动力学模拟，从结构和能量角度分析了尿素与高岭石层间域的界面作用机理，进而探讨尿素对高岭石插层的驱动机理。

3.1 试验原料与方法

3.1.1 高岭土和化学试剂

在本次试验中，高岭土采自张家口市宣化区沙岭子镇，其化学组成为：SiO_2，44.64％；Al_2O_3，38.05％；Fe_2O_3，0.22％；MgO，0.06％；CaO，0.11％；Na_2O，0.27％；K_2O，＜0.1％；TiO_2，1.13％；P_2O_5，0.13％；MnO_2，0.002％；LOI，15.06％。SiO_2 与 Al_2O_3 的摩尔比为 2.018，与高岭石的理论摩尔比相符。高岭土的纯化过程如图 3-1 所示。

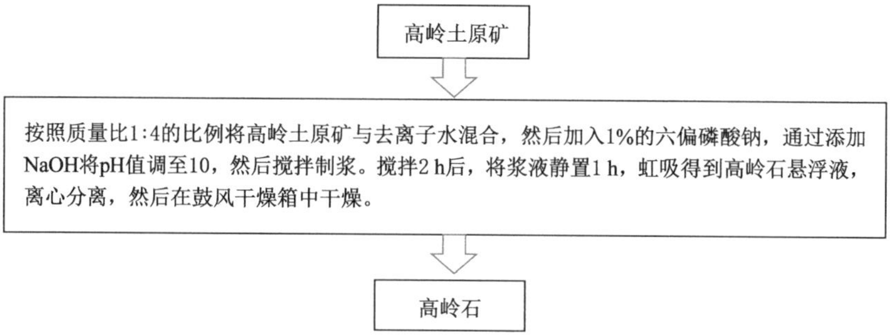

图 3-1　高岭土纯化流程

在本次试验中，试验用药剂六偏磷酸钠、尿素、氢氧化钠和甲醇都为分析纯，采购于西陇化工股份有限公司。

3.1.2　试验仪器与测试

① X 射线衍射(XRD)使用日本 Rigaku 公司生产的 D/max-2500PC 型全自动 X 射线衍射仪，Cu 靶，管压 40 kV，管流 100 mA。扫描参数为：步幅 0.02°，狭缝系统 DS＝SS＝1°，RS＝0.3 mm，扫描速度 4°/min。

② 傅里叶全反射红外光谱(FTIR-ATR)使用美国 Thermo Fisher 公司生产的 Nicolet6700 型傅里叶变换红外光谱仪，锗晶体，扫描步幅为4 cm^{-1}，扫描范围为 4 000～600 cm^{-1}。

③ 热重分析使用瑞士梅特勒-托利多公司生产的 TGA/DSC1/1600 型同步热分析仪，升温范围为 25～900 ℃，升温速率为 10 ℃/min，N_2 气氛，流量为 20 mL/min。

3.1.3　高岭石-尿素插层复合物制备

将 10 g 纯化高岭石加入饱和尿素溶液，在 60 ℃下磁力搅拌 48 h 后离心分离(3 500 r/min，5 min)。在本试验中，饱和尿素的配比为将 100 g 尿素加入 100 mL 去离子水。将离心分离收集的高岭石-尿素插层复合物用甲醇清洗三次来去除吸附在高岭石外表面残留的尿素分子，然后在干燥箱中 60 ℃下干燥 3 h。

3.2 分子动力学模拟

分子动力学模拟用于在原子尺度范围内研究高岭石表面与尿素的界面作用机理。首先构建具有周期性边界条件的高岭石单晶胞，其结构式为 $Al_4Si_4O_{10}(OH)_8$。然后构建 8×5×1 高岭石超晶胞，该超晶胞在 x 和 y 轴方向的尺寸为 41.20 Å× 44.67 Å。为了计算尿素分子与高岭石层间域表面的相互作用能，将高岭石超晶胞沿(001)和$(00\bar{1})$晶面剪切，分别构建出高岭石铝氧面和硅氧面。将尿素分子添加在高岭石铝氧面和硅氧面上，构建出铝氧面-尿素和硅氧面-尿素复合分子模型，这两类模型被定义为 TO 和$\overline{T}O$模型。为了研究尿素分子在高岭石层间域中的界面结构以及与层间域表面形成的氢键，构建了高岭石层间域-尿素复合分子模型。该模型是将尿素分子夹在所构建的铝氧面和硅氧面之间，从而构建出铝氧面-尿素-硅氧面复合分子模型，此类模型被定义为 $TO\overline{T}$模型。三类模型的初始结构如图 3-2 所示。

在分子动力学模拟过程中使用 INTERFACE 力场描述高岭石的结构、OPLS-AA 力场描述尿素分子。两个力场可结合用于模拟矿物-有机物复合体系[112]。在本书中使用 LAMMPS 软件(由美国桑迪亚国家实验室开发)进行分子动力学模拟。在模拟之前先对体系进行能量优化，之后在 NPT 系综下运行 1 ns，使体系能量达到平衡，然后再运行 1 ns 用于收集体系的轨迹文件。模拟温度和压力控制在 333 K 和 0.1 MPa 来代表实际的试验条件。温度和压力采用 Nose-Hoover 控温器和控压器进行控制。采用 Ewald 算法计算长程静电引力，其收敛精度为 10^{-4}。采用 12-6 L-J 计算短程范德华作用，其截断半径为 10 Å。模拟体系采用三维周期性边界条件，轨迹文件每 2 000 步输出一次。在收集的轨迹文件基础上计算了尿素分子各原子在高岭石层间沿 z 轴方向的密度分布、尿素分子各官能团与高岭石层间域表面官能团的氢键形成、径向分布函数，以及尿素分子在高岭石表面的均方位移和与高岭石层间域表面的相互作用能。

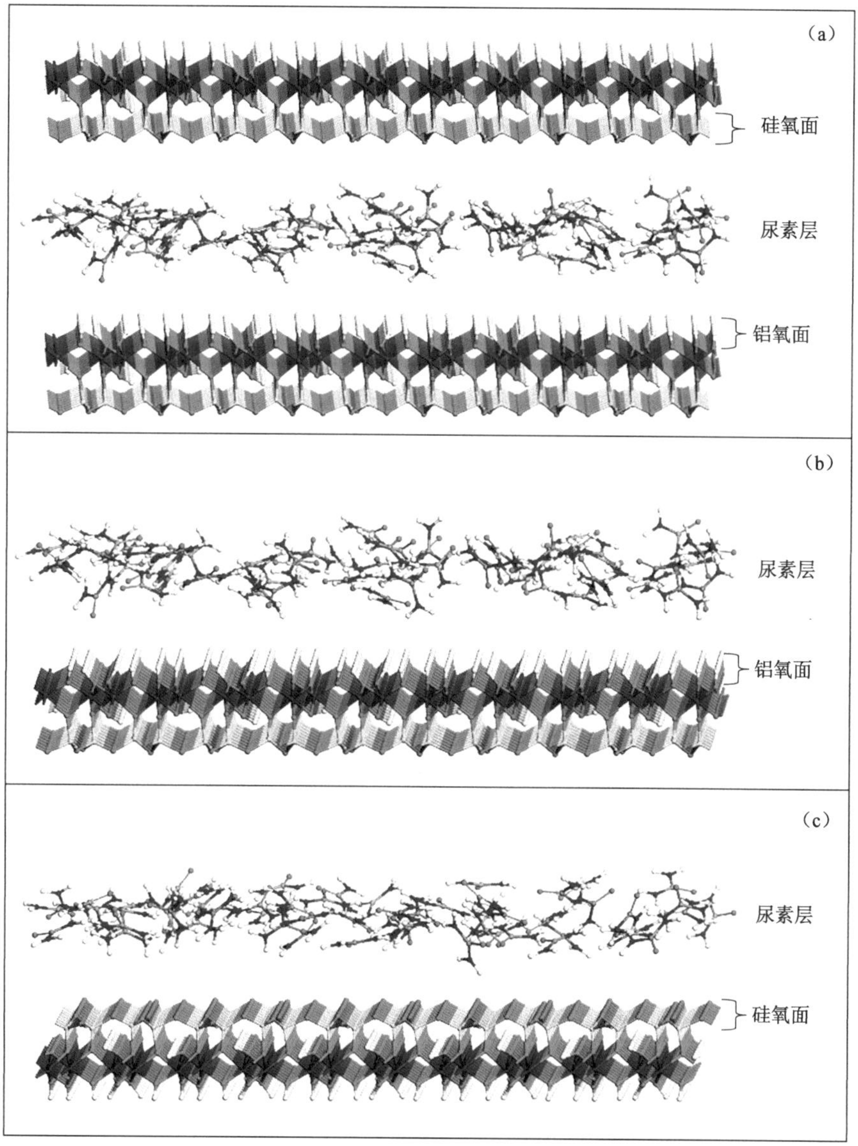

图 3-2　TO$\overline{\text{T}}$、TO 和$\overline{\text{T}}$O 模型的初始结构

3.3 高岭石-尿素插层复合物试验分析

3.3.1 X射线衍射分析

图3-3是高岭石和高岭石-尿素插层复合物的XRD图谱。高岭石的层间距为7.2 Å,经尿素插层后其层间距扩大到10.8 Å。高岭石层间距的扩大证明尿素分子进入高岭石层间域。高岭石基本结构单元的片层厚度即铝氧八面体层和硅氧四面体层的厚度之和为5.4 Å。由此可得出,高岭石插层复合物的层间域为5.4 Å。尿素分子的几何尺寸最大值为4.5 Å,因此高岭石层间域尺寸可以容纳单层尿素分子,可同时作用于高岭石层间域两个内表面。尿素对高岭石的插层率可根据下式计算:

$$I_{\text{ratio}} = I_{10.8\,\text{Å}} / (I_{10.8\,\text{Å}} + I_{7.2\,\text{Å}}) \tag{3-1}$$

式中 $I_{10.8\,\text{Å}}$、$I_{7.2\,\text{Å}}$——高岭石-尿素插层复合物的10.8 Å和7.2 Å衍射峰的强度。

由此式计算的尿素对高岭石的插层率为93%,说明制备的高岭石-尿素插层复合物占样品的比例为93%。

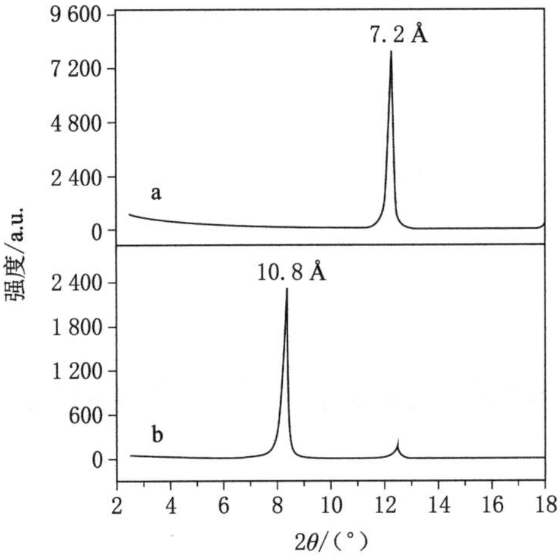

图3-3 高岭石(a)和高岭石-尿素插层复合物(b)的XRD图谱

3.3.2　热重分析

高岭石-尿素插层复合物的热行为如图 3-4 所示，从室温到 115 ℃，约有 1%的质量损失归因于吸附在黏土表面吸附水的脱去。从 115 ℃到 360 ℃之间约有 14%的质量损失，是由高岭石层间域尿素分子的热分解引起的。在 115 ℃到 190 ℃之间，尿素在高岭石层间域热分解生成缩二脲[143-144]。在 190 ℃到 360 ℃之间，高岭石层间尿素会持续分解产生缩二脲，同时缩二脲会在高温下分解生成三聚氰酸、氰尿酰胺、氰尿二酰胺等。这些产物会随着温度的持续升高而升华或分解。当层间尿素完全分解后，在 400 ℃到700 ℃区间存在 11.8%的质量损失，是由高岭石的脱羟基作用造成的。总之，根据插层率计算出高岭石-尿素插层复合物占样品总重的 93%，其中 14%的质量损失是由高岭石层间尿素的热分解造成的。据此可计算出层间尿素所占高岭石-尿素插层复合物的比例约为 15%。该质量比与文献中报道的 16.7%相近[145]。再根据尿素分子和高岭石单位晶胞的摩尔质量可计算出尿素和高岭石的摩尔比，以构建高岭石-尿素复合分子模型，并进行分子动力学模拟。用此方法计算的层间域尿素含量可能会被高估，因为吸附在高岭石外表面的尿素在甲醇清洗过程中可能不会被完全洗掉，因此 14%的层间尿素质量损失可能包含了小部分吸附在高岭石外表面的尿素。

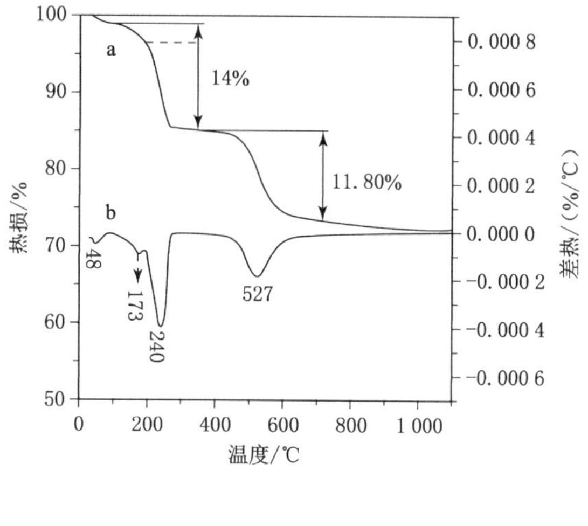

图 3-4　高岭石-尿素插层复合物的热分解热重曲线(a)和差热曲线(b)

3.3.3 红外光谱分析

图 3-5 给出了高岭石和高岭石-尿素插层复合物的红外图谱。高岭石在 3 695 cm^{-1}、3 668 cm^{-1}和 3 650 cm^{-1}处的吸收峰归因于高岭石层间域铝氧面上内表面羟基的伸缩振动。3 620 cm^{-1}处的吸收峰归因于高岭石晶格中内羟基的伸缩振动。层间域铝氧面上内表面羟基的化学活性较高,可作为氢键给体或氢键受体参与氢键的形成。而高岭石晶格中的内羟基由于其所处位置比较隐蔽,基本不与插层客体发生反应。经尿素插层后,如图 3-5 中 b 曲线所示,3 695 cm^{-1}吸收峰的强度有所降低,证明内表面羟基可与尿素发生反应。在红外的低频区,位于 1 031 cm^{-1}和 1 008 cm^{-1}处的两个吸收峰是由高岭石硅氧四面体中的 Si—O 伸缩振动引起的。另外两个位于 938 cm^{-1}和 912 cm^{-1}处的吸收峰归因于高岭石铝氧面 Al—O—H 的弯曲振动。

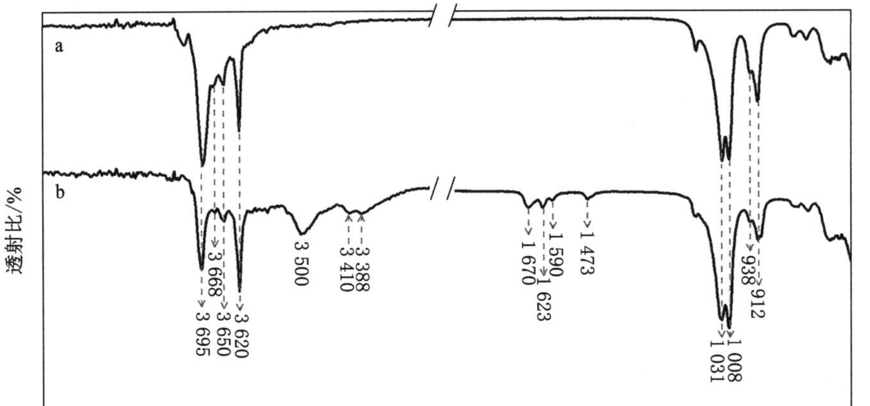

图 3-5 高岭石(a)和高岭石-尿素插层复合物(b)的红外图谱

在高岭石-尿素插层复合物红外光谱(图 3-5 中 b 曲线)的高频区,位于 3 500 cm^{-1}处比较宽阔的吸收峰以及 3 410 cm^{-1}和 3 388 cm^{-1}处两个微弱的吸收峰归因于尿素 N—H 的伸缩振动[146-147]。先前的研究表明,尿素分子

N—H 的反对称伸缩振动和对称伸缩振动分别在 3 488 cm^{-1} 和 3 379 cm^{-1} 处[146]。当尿素插入高岭石层间域后，尿素与高岭石层间域表面的相互作用会增强 N—H 的伸缩振动。正如图谱所示，N—H 的伸缩振动转移到了 3 500 cm^{-1} 处。以上分析说明，尿素的 NH_2 官能团可作为氢键给体与高岭石层间域硅氧面和铝氧面的含氧官能团形成氢键。此结论也由下面的高岭石-尿素复合体系的分子动力学模拟研究所证实。

在中频区位于 1 670 cm^{-1} 和 1 623 cm^{-1} 处的吸收峰归因于尿素 NH_2 官能团的对称和反对称弯曲振动。当尿素插入高岭石层间域后，其对称弯曲振动从溶液状态下的 1 668 cm^{-1} 移动到了 1 670 cm^{-1} 处，而反对称弯曲振动从溶液状态下的 1 629 cm^{-1} 红移到了 1 623 cm^{-1} 处。这些位移说明尿素的 NH_2 官能团与高岭石层间域内表面形成氢键作用。另外两个吸收峰 1 590 cm^{-1} 和 1 473 cm^{-1} 归因于尿素 C═O 官能团的伸缩振动和 C—N 官能团的反对称伸缩振动。与溶液环境下的尿素相比，其 C═O 官能团的伸缩振动由 1 597 cm^{-1} 红移到了 1 590 cm^{-1} 处；C—N 官能团的反对称伸缩振动由 1 463 cm^{-1} 蓝移到了 1 473 cm^{-1} 处。两个官能团的红外图谱变化说明尿素的 C═O 官能团可与高岭石层间域铝氧面的羟基形成氢键作用，从而增强 C—N 官能团的反对称伸缩振动。

3.4　分子动力学模拟分析

3.4.1　高岭石-尿素层间域界面结构

根据 XRD 和热重分析计算出尿素和高岭石的摩尔比，构建了高岭石-尿素复合分子模型。对于层间域结构 $TO\overline{T}$ 模型，最初的层间距设置在 16 Å，尿素分子随机分布在高岭石层间域区间。当体系能量达到平衡后，复合体系的层间距减小到 11.23 Å，略大于 XRD 测得值 10.8 Å，这可能是因为热重分析计算的高岭石层间域尿素含量偏大所导致的。因此，构建了系列尿素含量较低的高岭石-尿素 $TO\overline{T}$ 模型，并对其进行了分子动力学模拟来检验层间域尿素含量对层间距变化的影响。计算的高岭石-尿素复合体系层间距在不同尿素含量下的变化如图 3-6 所示。结果显示，层间距会随着层间尿素含量的增加而增大，当尿素分子数达到 40～50 时，层间距稳定在 11 Å，与试验测得值 10.8 Å 相近。在本次研究中，将含有 45 个尿素分子数的高岭石-尿素复合体系用于界面结构分析。

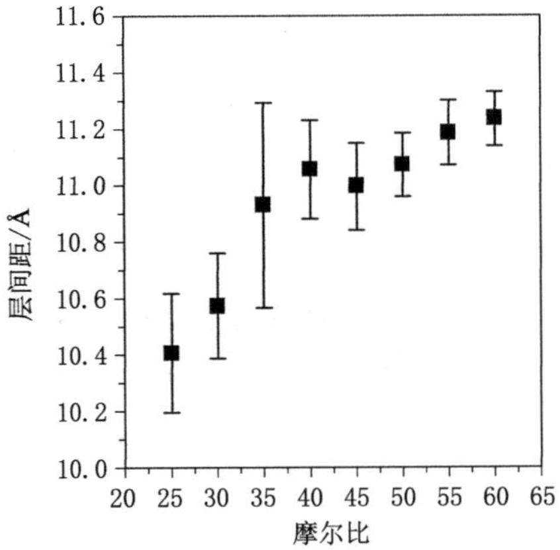

图 3-6　高岭石-尿素复合体系的层间距随层间尿素含量的变化

在收集的层间域 TO$\overline{\text{T}}$ 模型轨迹文件基础上，计算了尿素各原子在高岭石层间域垂直于层间域表面的原子密度分布，其计算公式如下：

$$\rho(X_i, z) = n\left(z - \frac{\delta}{2}, z + \frac{\delta}{2}\right) / (\delta \times S) \tag{3-2}$$

式中　z——垂直于高岭石层间域表面方向上尿素分子中 X_i 原子的坐标；

n——X_i 原子的数量；

δ——设定的与 X_i 原子 z 坐标值的距离差；

S——层间域 TO$\overline{\text{T}}$ 模型的横截面积。

从模拟的高岭石-尿素层间域界面结构（图 3-7）中可以看出，几乎所有的尿素氧原子都靠近层间域铝氧面的表面羟基，只有一个氧原子峰位于铝氧面的氢原子和层间域中心区域之间。尿素的碳原子同样只有一个峰位于尿素氧原子和层间域中心区域之间，表明尿素 C ═O 官能团倾向和层间域铝氧面发生了相互作用。对于氢原子和氮原子，几乎分布于高岭石整个层间域，显示两个弱峰分别靠近层间域铝氧面和硅氧面，说明尿素的 NH_2 官能团可与层间域两个内表面同时发生作用。

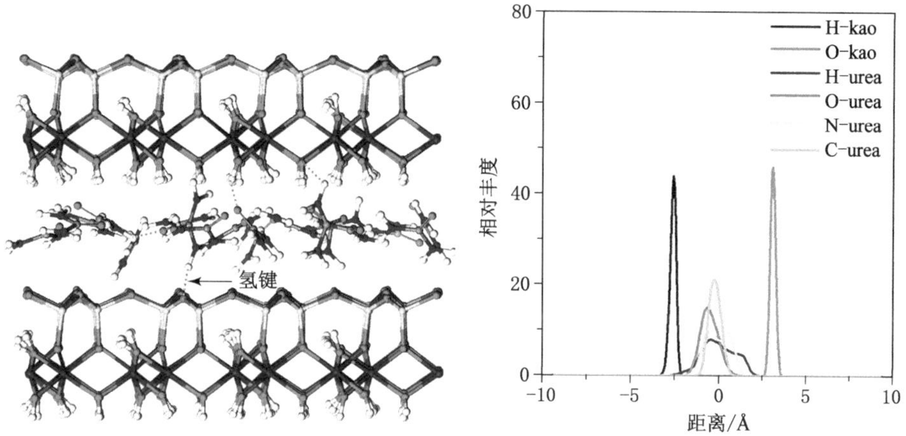

图 3-7 高岭石-尿素层间域(TO$\overline{T}$)模型达到能量稳定后的快照(左图)和尿素各原子在高岭石层间域垂直于高岭石表面的原子密度图(右图)

3.4.2 尿素与层间域表面的氢键作用

径向分布函数(RDF)是推测原子 A 和 B 之间相互作用最简单和有效的关系式,其物理意义是距离原子 A 在 dr 距离内原子 B 的出现频率,其计算公式为:

$$G_{AB}(r)=\frac{1}{4\pi\rho_B r^2}\frac{dn_{AB}}{dr} \tag{3-3}$$

式中 ρ_B——B 原子的数量密度;

dn_{AB}——距离 A 原子 r 到 r+dr 范围内 B 原子的平均数。

图 3-8 所示为层间域铝氧面氢原子与尿素氧原子和层间域硅氧面氧原子与尿素氢原子之间的径向分布函数。对于 H_{alu}—O_{urea},一个尖锐的峰位于 2.4 Å 表明尿素的氧原子和层间域铝氧面的羟基形成了氢键。在该峰旁边还存在一个肩部凸起,说明部分尿素氧原子和铝氧面羟基形成了相对较弱的氢键作用。尿素分子在高岭石层间呈单层分布,其 NH_2 官能团会与高岭石铝氧面的羟基形成竞争,与 C═O 官能团形成分子间氢键作用,因此会在一定程度上弱化铝氧面和尿素分子间的氢键作用,从而使一部分 C═O 官能团远离层间域铝氧面。在本次研究中,对高岭石层间域表面与尿素分子之

间形成的氢键数量和键长进行了直接计算。氢键形成的判断依据是 H…Y 之间的距离小于 3.2 Å，而且 X-H…Y 之间的夹角大于 90°，Y 和 X 分别代表氢键受体和氢键给体[120]。在这里 Y 代表层间域表面的氧原子(铝氧面羟基氧原子和硅氧面基面氧原子)和尿素 C═O 官能团氧原子；X 代表尿素 NH_2 官能团的氮原子和层间域铝氧面羟基氧原子。氢键统计的结果表明，平均每个层间域铝氧面羟基可与尿素 C═O 官能团形成 0.36 个氢键，平均键长为 2.60 Å。对于 O_{sil}—H_{urea}，一个相对较弱的峰位于 2.0 Å，伴随着一个在 3～6 Å 范围内比较宽阔的峰，说明尿素的 NH_2 官能团和高岭石硅氧面氧原子之间形成了氢键。氢键统计结果表明，平均每个基面氧原子可与 NH_2 官能团形成 0.42 个氢键，平均键长为 2.63 Å。尿素分子间的氢键作用导致在 3～6 Å 范围内出现比较宽阔的峰。氢键计算还表明，铝氧面的表面羟基氧原子可作为氢键受体与 NH_2 官能团形成氢键。但此类氢键作用相对较弱，平均每个铝氧面羟基可与尿素 NH_2 官能团形成 0.27 个氢键，平均键长为 2.73 Å。径向分布函数的计算结果和氢键的计算结果与高岭石-尿素插层复合物的红外光谱分析相符，尿素的 NH_2 官能团可与层间域铝氧面和硅氧面同时形成氢键作用，但 C═O 官能团只作为氢键受体与层间域铝氧面羟基形成氢键。

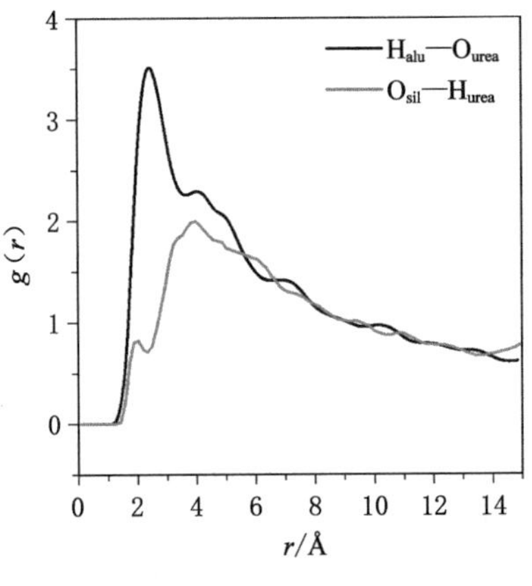

图 3-8　高岭石铝氧面氢原子与尿素氧原子(H_{alu}—O_{urea})和高岭石硅氧面氧原子与尿素氢原子(O_{sil}—H_{urea})之间的径向分布函数

3.4.3　尿素与层间域表面的相互作用能

高岭石层间域表面与尿素之间的界面作用主要来源于静电引力、范德华力和氢键作用。在收集的铝氧面-尿素(TO)和硅氧面-尿素($\overline{T}$O)复合模型[图 3-2(b)和(c)]的基础上计算了它们之间的相互作用能：

$$E_{\text{interaction}} = E_{\text{total}} - (E_{\text{surface}} + E_{\text{urea}}) \tag{3-4}$$

式中　E_{total}——高岭石层间域铝氧面-尿素复合体系[图 3-2(b)]和高岭石层间域硅氧面-尿素复合体系[图 3-2(c)]的总能量；

E_{surface}——复合体系中单独高岭石层间域铝氧面和硅氧面的能量；

E_{urea}——复合体系中单独尿素的能量。

图 3-9 所示为在模拟过程中高岭石层间域铝氧面和硅氧面与层间尿素的相互作用能。以力场为基础计算的相互作用能不代表由密度泛函理论(DFT)计算的能量。对于能量的数值，正值代表排斥作用，负值代表吸引作用。在此研究中，层间域铝氧面和硅氧面与层间尿素的相互作用能均为负值，都表现出对尿素分子的亲和性。尿素与层间域铝氧面的平均作用能为 −53.21 kcal/mol，与层间域硅氧面的平均作用能为 −40.44 kcal/mol，说明尿素与高岭石层间域铝氧面的亲和性大于硅氧面。

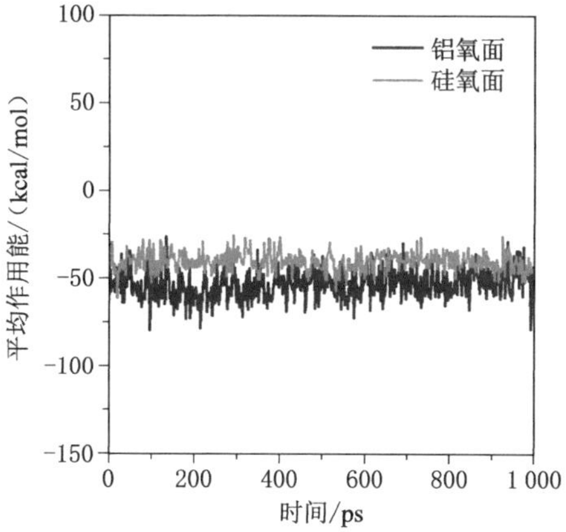

图 3-9　在模拟过程中尿素与高岭石层间域铝氧面和硅氧面之间的相互作用能

与层间域表面比较强的相互作用会减弱尿素在高岭石表面的动态行

为，因此计算了尿素在高岭石铝氧面和硅氧面上的均方位移(图 3-10)，其计算公式如下：

$$\mathrm{MSD}=\frac{1}{N}\sum_{i=1}^{N}\langle\,|\vec{r}_i(t)-\vec{r}_i(0)|^2\rangle \tag{3-5}$$

式中 N——模拟体系内原子的数目；

$\vec{r}_i(t)$——第 i 个原子在 t 时刻的位置。

由图 3-10 可以看出，尿素分子在铝氧面上的均方位移小于硅氧面，进一步说明尿素与铝氧面的亲和性大于硅氧面。铝氧面的羟基可作为氢键给体和氢键受体与尿素分子形成氢键，平均每个羟基可与尿素分子形成 0.63 个氢键。高岭石硅氧面的基面氧原子可作为氢键受体与尿素分子形成氢键，平均每个氧原子可与尿素形成 0.42 个氢键。尿素与高岭石铝氧面相对较强的相互作用能和氢键作用导致其在铝氧面上相对较小的均方位移。

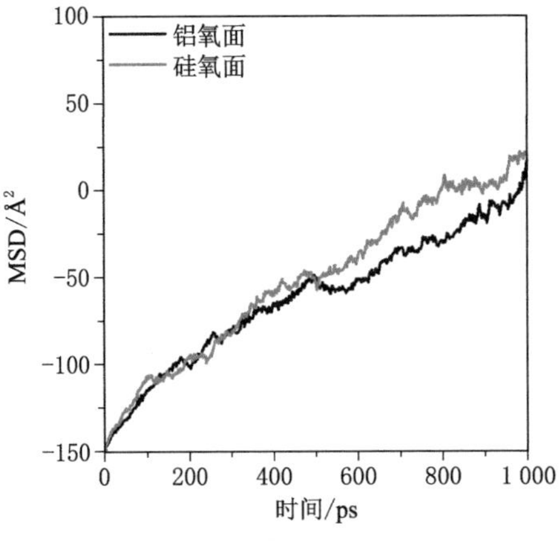

图 3-10　尿素分子在高岭石铝氧面和硅氧面相对于模拟时间的均方位移

3.5 本章小结

尿素分子可有效插入高岭石层间域，使高岭石层间距由 7.2 Å 扩大到 10.8 Å。在高岭石层间，尿素分子呈单层结构分布，其 C═O 官能团可作为氢键受体与高岭石铝氧面羟基形成氢键，其 NH_2 官能团可作为氢键给体同时与高岭石铝氧面羟基和硅氧面基面氧原子形成氢键，前者形成的氢键数量大于后者。相互作用能的计算表明，层间域铝氧面和硅氧面都呈现出对尿素分子的亲和性，尿素与铝氧面的相互作用能大于硅氧面，导致尿素分子在高岭石铝氧面的动态行为小于硅氧面。总之，高岭石的层间域表面对尿素分子表现出较强的亲和性，铝氧面对尿素的插层起到关键作用，硅氧面同样对尿素插层做出贡献。

第4章 高岭石层间域与二甲基亚砜的界面作用机理

低碳经济的发展一直在驱动环境友好型材料的发展。自然界是廉价和环境友好型材料的源泉。对自然界中天然矿物材料的开发可减少和弱化由人为合成材料造成的生态环境污染等问题。黏土矿物作为天然的二维纳米材料，在自然界中广泛存在，自发现以来已经被广泛应用在工业、工程和科学研究等领域[125]。黏土矿物属于层状硅酸盐，其基本组成单元为铝氧八面体和硅氧四面体，并由共用顶氧原子连接。其基本结构单元在 c 轴方向重复堆叠形成层状结构。高岭石是黏土矿物家族中应用比较广泛的天然矿物材料。高岭石在自然界中分布广泛、储量丰富且廉价，是很有潜力的环境功能材料[148]。高岭石属于 1∶1 型层状硅酸盐，其层间域有两个化学性质截然不同的表面：硅氧四面体覆盖有一层基面氧原子，铝氧八面体覆盖有一层表面羟基。相邻的高岭石片层单元由层间氢键连接起来，高岭石层间的氢键作用使高岭石层间域的插层存在一定难度，因此高岭石被认为是不可膨胀性黏土矿物[9]。

黏土矿物的层间域相比于外表面而言，比表面积相对较大，化学活性较高[148]。蒙脱石层间存在可交换性阳离子，可通过水合作用和离子交换使蒙脱石层间域扩大。通过离子交换，蒙脱石层间域可被有机改性用于制备黏土-聚合物复合材料和针对特定污染物的吸附材料[13,15,139,149]。插层作用可有效利用黏土矿物的层间域，可广泛应用在精细化工领域。对于高岭石而言，由于其层间氢键作用，其插层仅限于几种有机小分子如二甲基亚砜、醋酸钾、尿素、肼等[4,70,74,76]。这些小分子的共性是具有较强的氢键形成能力，可与高岭石层间域表面形成氢键从而实现插层。高岭石层间域铝氧面覆盖有一层表面羟基，具有较高的化学活性，甚至可通过缩合反应使有机物嫁接在铝氧面上形成稳定的无机-有机复合材料[150-151]。例如，层间域铝氧面羟基可与发荧光化合物发生化学反应，使发荧光化合物嫁接在铝氧面上，具有较高的热稳定性和化学稳定性，合成的复合材料可高效释放 Tb^{3+}[8]。高岭石插层复合物已经通过 X 射线衍射、红外光谱、拉曼光谱和核磁共振等测试技术进行了广泛研究[4,69,71]。虽然插层客体在高岭石层间域的结构以及与高岭石层间域表面的相互作用可通过试验分析推测，但在原子尺度的信息很难通过常规试验方法获得。与之相比，分子模拟可在原子尺度范围内探索有机化合物在黏土层间域的结构特征以及与黏土层间域表面的界面作用[81-82,152-155]。之前有关高岭石插层复合物的分子模拟主要针对有机化合物在高岭石层间域的结构特征[100-101,152]。Tunega 等[141-142]应用量子化学计算了二甲基亚砜和醋酸钾在高岭石两个表面的吸附能，但使用的模型相对简单，结果表明高岭石铝氧面对二甲基亚砜和醋酸钾的亲和性强于硅氧面。在当前研究中，根据高岭石-二甲基亚砜(DMSO)插层复合物的 XRD 和热重分析计算了高岭石与二甲基亚砜的摩尔比，据此构建了高岭石-二甲基亚砜复合分子模型，并进行了分子动力学模拟，计算了二甲基亚砜在高岭石层间域的界面结构和界面作用。

4.1　试验原料与方法

4.1.1　高岭土和化学试剂

在本次试验中，根据 GB/T 14563—2020 计算的高岭土(采自张家口市宣化区沙岭子镇)的主要化学组成为：SiO_2，44.64%；Al_2O_3，38.05%；Fe_2O_3，0.22%；MgO，0.06%；CaO，0.11%；Na_2O，0.27%；K_2O，＜0.1%；TiO_2，1.13%；P_2O_5，0.13%；MnO_2，0.002%；LOI，15.06%。SiO_2 与 Al_2O_3 的摩尔比为2.018，与高岭石的理论摩尔比基本一致，高岭土的纯化流程如图 4-1 所示。

在本次试验中，试验用药剂六偏磷酸钠、二甲基亚砜、氢氧化钠和甲醇

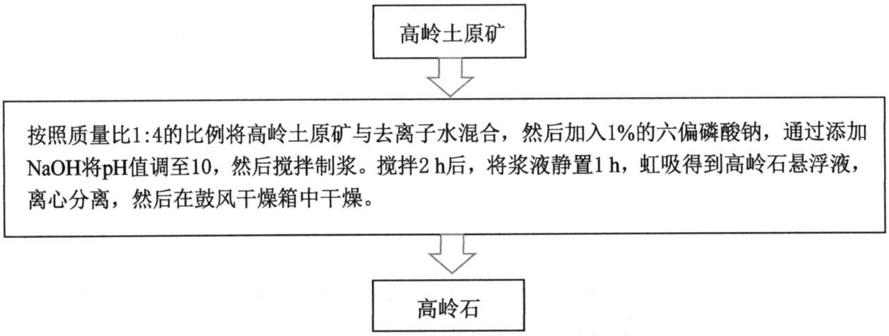

图 4-1　高岭土纯化流程

都为分析纯，采购于西陇化工股份有限公司。

4.1.2　试验仪器与测试

① X 射线衍射(XRD)使用日本 Rigaku 公司生产的 D/max-2500PC 型全自动 X 射线衍射仪，Cu 靶，管压 40 kV，管流 100 mA。扫描参数为：步幅 0.02°，狭缝系统 DS＝SS＝1°，RS＝0.3 mm，扫描速度 4°/min。

② 傅里叶红外光谱(FTIR)使用美国 Thermo Fisher 公司生产的 Nicolet6700 型傅里叶变换红外光谱仪，扫描步幅为 4 cm^{-1}，扫描范围为 4 000～600 cm^{-1}。

③ 热重分析使用瑞士梅特勒-托利多公司生产的 TGA/DSC1/1600 型同步热分析仪，升温范围为 25～900 ℃，升温速率为 10 ℃/min，N_2 气氛，流速为 20 mL/min。

4.1.3　高岭石-DMSO 插层复合物制备

把 50 g 高岭石溶于 100 mL 质量百分比为 90% 的 DMSO 溶液中制浆，在 60 ℃下搅拌 12 h 后离心分离，将分离的高岭石-DMSO 插层复合物用甲醇清洗三次去除吸附在高岭石外表面残留的 DMSO 分子，然后在干燥箱中 60 ℃下干燥 3 h。

4.2　分子动力学模拟

分子动力学模拟可在原子尺度范围内研究高岭石层间域表面与 DMSO 的界面作用机理。在本次研究中构建了具有周期性边界条件的高岭石单晶胞，其结构式为 $Al_4Si_4O_{10}(OH)_8$。然后构建 8×5×1 高岭石超晶胞，该超晶胞在 x 和 y 轴方向的尺寸为 41.20 Å 和 44.67 Å。为了计算 DMSO 与高岭石层间域两个表面的相互作用能，将高岭石超晶胞沿（001）和（$00\bar{1}$）晶面剪切，分别构建高岭石铝氧面和硅氧面。使用建层工具将 DMSO 分子层堆叠在高岭石铝氧面和硅氧面上构建铝氧面-DMSO 和硅氧面-DMSO 复合分子模型，这两类模型被定义为 TO 和$\overline{\text{T}}$O 模型。为了研究 DMSO 分子与高岭石层间域两个表面形成的氢键作用以及 DMSO 分子在高岭石层间域的结构，将 DMSO 分子层置于构建的铝氧面和硅氧面之间，从而构建铝氧面-DMSO-硅氧面层间域模型，此类模型被定义为 TO$\overline{\text{T}}$模型。三类模型的初始结构如图 4-2 所示。

分子动力学模拟使用 LAMMPS 软件（美国桑迪亚国家实验室开发）运行，使用 INTERFACE 和 OPLS-AA 力场分别描述高岭石结构和 DMSO 分子。两个力场的兼容性以及对黏土矿物和有机分子复合体系的适用性已经得到验证[112,156]。在分子动力学模拟之前先对体系进行能量优化，之后在 NPT 系综下运行 1 ns，使体系达到能量平衡，然后在 NVT 系综下运行 1 ns 收集体系的轨迹文件。模拟温度和压力控制在 333 K 和 0.1 MPa 来代表实际的试验条件。温度和压力分别采用 Nose-Hoover 控温器和控压器进行控制。采用 Ewald 算法计算长程静电引力，其收敛精度为 10^{-4}。采用 12-6 L-J 计算短程范德华作用，截断半径为 10 Å。模拟体系的边界条件采用三维周期性边界。在 NVT 系综下运行时，体系的轨迹文件每 2 000 步输出一次。在收集的轨迹文件基础上计算了 DMSO 分子在高岭石层间域的取向分布；DMSO 分子官能团与高岭石层间域表面官能团的氢键形成，径向分布函数和配位数；DMSO 在高岭石表面的吸附位置以及与高岭石层间域表面的相互作用能。

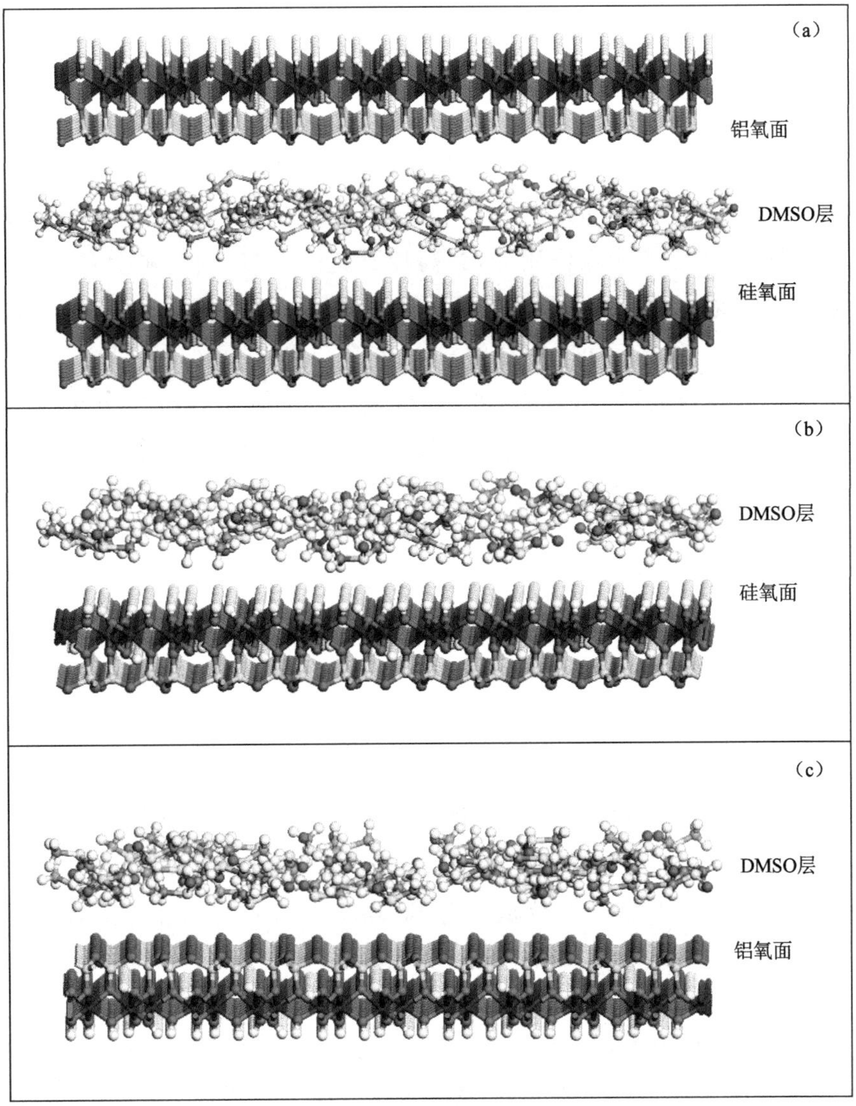

图 4-2　TO$\overline{T}$、TO 和$\overline{T}$O 模型的初始结构

4.3　高岭石-DMSO 插层复合物试验分析

4.3.1　X 射线衍射分析

图 4-3 所示为高岭石和高岭石-DMSO 插层复合物的 XRD 图谱。高岭石的 XRD 图谱主要由高岭石的(001)和(002)晶面衍射峰和在 $2\theta=20°$处的山字形衍射峰以及在 $2\theta=35°\sim40°$区间的两个山字形衍射峰组成，是典型的高结晶度高岭石 XRD 图谱。当 DMSO 进入高岭石层间域后，会引起高岭石层间距的扩大，如图 4-3 中曲线 b 所示，高岭石-DMSO 插层复合物的(001)晶面衍射峰向低角度偏移，其 d 值增大到 11.2 Å。此外，DMSO 插层后造成高岭石的山字形衍射峰强度大幅度降低甚至消失，说明 DMSO 插层造成了高岭石晶体结构的无序化。根据层间域的增大值(4 Å)和 DMSO 的分子尺寸推测 DMSO 分子在高岭石层间呈单层分布。根据插层率的计算公式(3-1)可计算出 DMSO 对高岭石的插层率高达 96%。

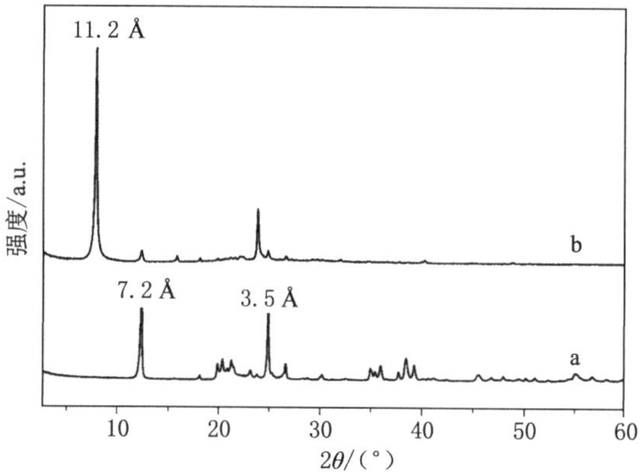

图 4-3　高岭石和高岭石-DMSO 插层复合物的 XRD 图谱

4.3.2　热重分析

热分析是研究黏土矿物及其插层复合物热行为的有效手段。图 4-4 给出了高岭石和高岭石-DMSO 插层复合物的热分解过程，据此可推断高岭石-

DMSO 插层复合物中高岭石和二甲基亚砜的摩尔比。在高岭石的热重曲线中只有一个 13.25%的质量损失，归因于高岭石的脱羟基和向偏高岭石的转变。另外，DSC 曲线中在 998 ℃出现一个放热峰，归因于偏高岭石重结晶形成莫来石[157]。高岭石-DMSO 插层复合物的热重曲线图中存在 14.23%和 10.57%两个质量损失。前者归因于高岭石层间域 DMSO 的热分解，后者归因于高岭石的脱羟基作用。根据 XRD 计算出高岭石-DMSO 插层复合物占样品总量的 96%；根据热重分析计算出层间域 DMSO 所占的质量比例为 14.23%，由此可推算出 DMSO 占高岭石-DMSO 插层复合物的比例为 14.82%。根据 DMSO 的摩尔质量 60 g/mol 和高岭石单位晶胞的摩尔质量 516 g/mol，可计算出高岭石-DMSO 插层复合物的化学式为 $A1_4Si_4O_{10}(OH)_8(DMSO)_{1.34}$。

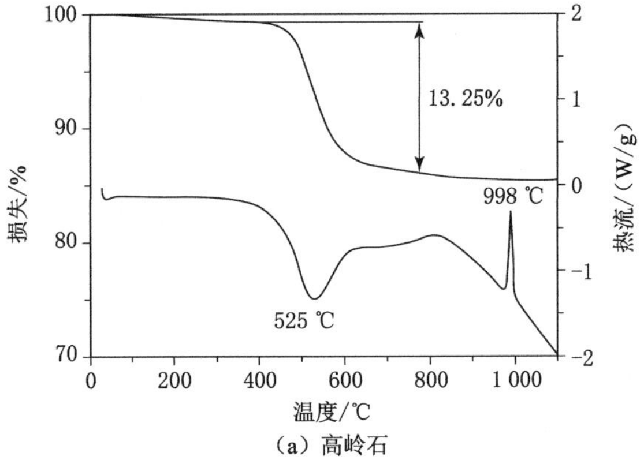

(a) 高岭石

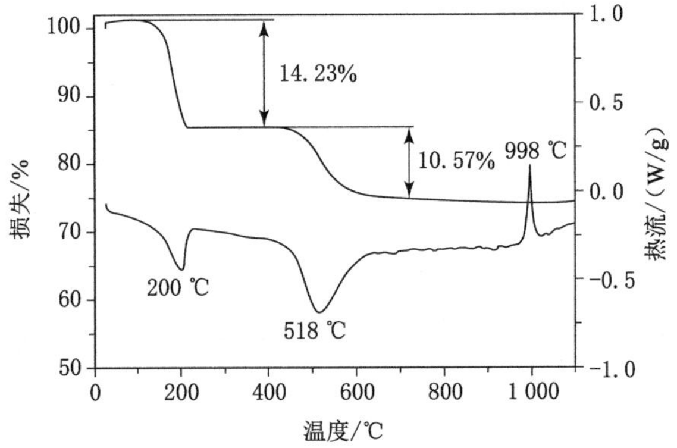

(b) 高岭石-DMSO

图 4-4　高岭石和高岭石-DMSO 插层复合物的热重分析和差示扫描量热分析

4.3.3 红外光谱分析

图 4-5 所示为高岭石及其插层复合物的红外图谱。

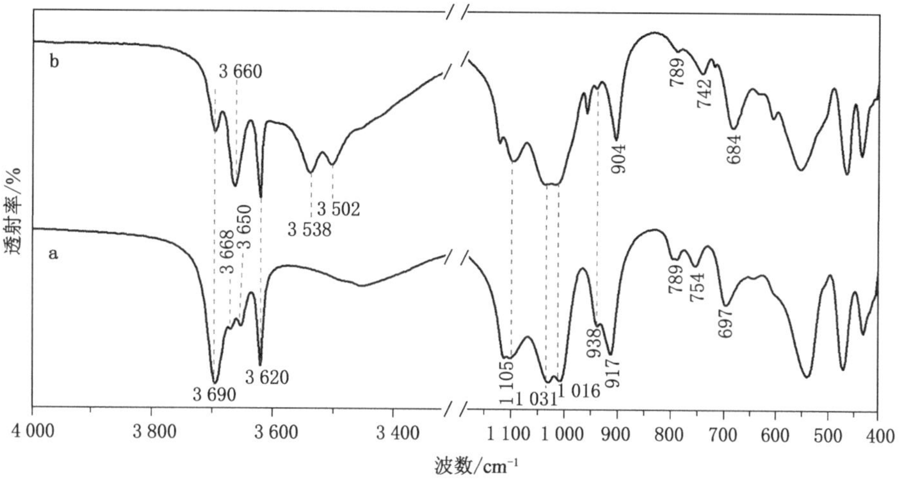

图 4-5　高岭石(a)和高岭石-DMSO 插层复合物(b)在高频和低频区域的红外光谱

在图 4-5 高岭石的红外光谱(曲线 a)中,在 3 690 cm^{-1}、3 668 cm^{-1}和 3 650 cm^{-1}处的吸收峰归属于高岭石层间域铝氧面上内表面羟基的伸缩振动,而 3 620 cm^{-1}处的吸收峰则归属于高岭石晶格中内羟基的伸缩振动。由于层间域铝氧面上内表面羟基暴露在层间域中,具有较高的化学活性,可作为氢键给体或氢键受体诱导较容易形成氢键作用的小分子进入高岭石层间域,从而引起高岭石层间距的扩大。而高岭石晶格中的内羟基由于其所在位置比较隐蔽,基本不与插层客体发生反应。从图 4-5 曲线 b 中可以清晰地看到,当 DMSO 进入高岭石层间域后,在 3 690 cm^{-1}处的吸收峰强度大幅度降低,而且在3 660 cm^{-1}、3 538 cm^{-1}和 3 502 cm^{-1}处出现了新的吸收峰,归因于 DMSO 与高岭石层间域铝氧面上的表面羟基形成的氢键,与前人的研究一致[19,69]。图 4-5 还给出了高岭石和高岭石-二甲基亚砜插层复合物在低频区红外光谱的对比,可以看出二者之间的差异相对较小,与 Johnston 等[69]的研究结果类似。在该区域的吸收峰基本属于高岭石铝氧八面体和硅氧四面体骨架内键的伸缩振动或键角弯曲振动,其振动频率相对较低,受层间域插层客体的影响相对较小，因此没有表现出明显的差异。只有层间域表面官能团的吸收峰发生了微小变化，比如位于 938 cm^{-1} 和 917 cm^{-1} 处归属于高岭石铝氧面 Al—O—H 弯曲振动的吸收峰。由于 DMSO 与铝氧面羟基的氢键作用导致 917 cm^{-1} 处的吸收峰红移到 904 cm^{-1}。位于1 031 cm^{-1} 和 1 016 cm^{-1} 处的吸收峰是由高岭石硅氧四面体中的 Si—O 伸缩振动引起。图 4-5 曲线 b 显示两个峰的强度相比较于高岭石均有所降低，是由层间域中 DMSO 与硅氧面的相互作用所导致。由高岭石-DMSO 插层复合物的红外光谱可推测其 S═O 官能团作为氢键受体与高岭石层间域铝氧面羟基发生氢键作用。

4.4 分子动力学模拟分析

4.4.1 高岭石-DMSO 层间域界面结构

在收集的高岭石-DMSO 层间域模型[图 4-2(a)]轨迹文件的基础上计算了 DMSO 各原子在高岭石层间域垂直于层间域表面的原子密度分布，其计算公式如下：

$$\rho(X_i, z) = n\left(z - \frac{\delta}{2}, z + \frac{\delta}{2}\right) / (\delta \times S) \tag{4-1}$$

式中 z——垂直于高岭石层间域表面方向上 DMSO 分子中 X_i 原子的坐标；

n——X_i 原子的数量；

δ——设定的与 z 坐标的距离差；

S——高岭石-DMSO 层间域模型的横截面积。

图 4-6 给出了 DMSO 各原子在高岭石层间域的密度分布，可以看出 DMSO 分子在高岭石层间呈单层分布，与 Fang 等[100]的计算结果一致。DMSO 的氧原子只存在一个峰靠近于高岭石层间域铝氧面，说明其 S═O 官能团与铝氧面羟基有比较强的亲和性。DMSO 的碳原子主要分布于层间域中心部位，其甲基上的氢原子则分布于层间域整个区域，存在两个弱峰分别靠近铝氧面和硅氧面。其中，靠近硅氧面的峰强度要高于铝氧面，说明 DMSO 的甲基与硅氧面的亲和性高于铝氧面。DMSO 的硫原子呈现一个

主峰分布于层间域中心区域，但该峰在顶端部位发生了劈裂。理论上来讲，由于 S═O 官能团与铝氧面羟基形成较强的氢键作用，硫原子应该呈现出一个单峰位于氧原子峰和铝氧面氢原子峰之间。硫原子峰的劈裂是由 DMSO 分子间的极性作用引起的，DMSO 分子间的极性作用会与 DMSO 和层间域铝氧面羟基的氢键作用形成竞争，从而使一部分 S═O 官能团在一定程度上偏离铝氧面羟基，导致硫原子峰的劈裂。

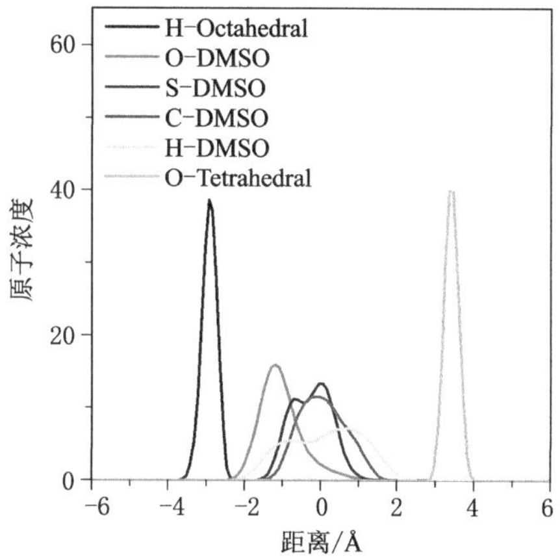

H-Octahedral—高岭石层间域铝氧面羟基氢原子；O-Tetrahedral—层间域硅氧面氧原子。

图 4-6　DMSO 各原子在高岭石层间域的密度分布

想要得知 DMSO 分子在高岭石层间域的结构构象需要计算 DMSO 分子 S═O 键和 S—C 键的取向分布。在本次研究中定义了取向角 φ_{SO} 和 φ_{SC}，分别是 DMSO 分子的 S═O 键矢量和 S—C 键矢量与垂直于高岭石层间域表面方向的夹角，如图 4-7 所示。

图 4-8 给出了取向角 φ_{SO} 和 φ_{SC} 在高岭石层间域的分布概率。DMSO 分子的 S═O 键与层间域表面法向量之间的夹角主要分布于接近 140°，说明 DMSO 分子的 S═O 官能团指向层间域铝氧面羟基，由 S═O 官能团作为氢键受体和铝氧面羟基形成氢键的缘故。φ_{SO} 在接近 96°处还存在一个弱峰，说明部分 S═O 官能团平行分布于层间域表面，是由 DMSO 分子间的极性作用与 DMSO 和层间域铝氧面羟基的氢键作用形成竞争使一部分 DMSO 的 S═O 官能团在一定程度上偏离铝氧面羟基造成的。与 φ_{SO} 相反，

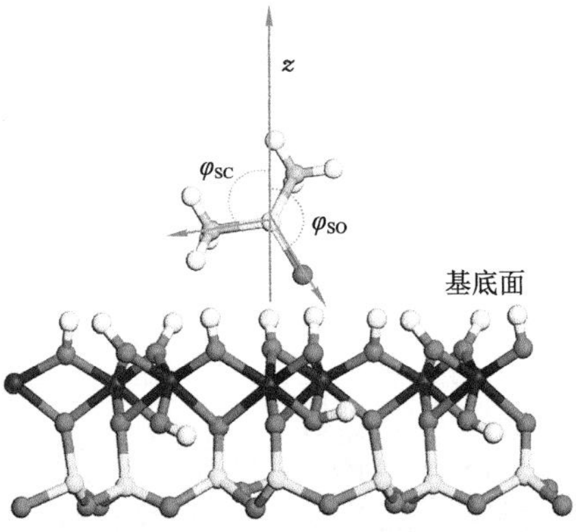

图 4-7　取向角 φ_{SO} 和 φ_{SC} 的定义

φ_{SC} 在接近 90°处存在一个宽阔的主峰，在 20°～30°处还存在一个微弱的肩部凸起，表明大部分 DMSO 分子的 S—C 键与高岭石层间域表面平行，部分 DMSO 分子的甲基指向硅氧面，与 Michalková 等[120]的计算结果相符。基于 S═O 键和 S—C 键的取向分布，提出主要有三种 DMSO 分子构型共存于高岭石层间域，如图 4-8(b)所示。其中，A 和 B 构型与由红外光谱和 NMR 推测的结果以及由蒙特卡洛模拟的 DMSO 分子在高岭石层间域的构型一致[101,158]。

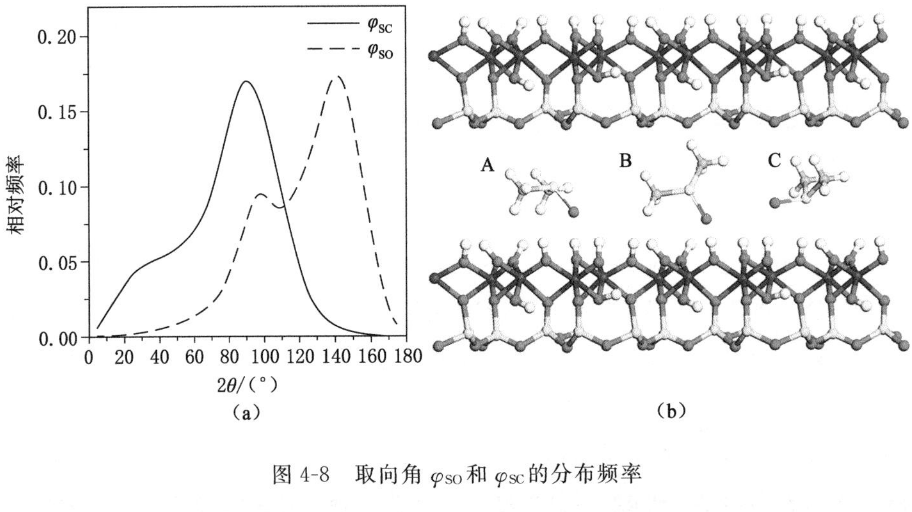

图 4-8　取向角 φ_{SO} 和 φ_{SC} 的分布频率

4.4.2　高岭石层间域与 DMSO 分子的界面作用

为了定量分析高岭石层间域表面与 DMSO 分子的界面作用，在铝氧面-DMSO 模型和硅氧面-DMSO 模型[图 4-2(b)和(c)]的基础上计算了高岭石层间域表面官能团与 DMSO 分子官能团的径向分布函数（RDF）和与之对应的配位数（RCN），以及高岭石层间域表面和 DMSO 的相互作用能。径向分布函数（RDF）是推测原子 A 和 B 之间相互作用最简单和有效的关系式，其物理意义是距离原子 A 在 dr 距离内原子 B 的出现频率，其计算公式如式(4-2)所示：

$$G_{AB}(r)=\frac{1}{4\pi\rho_B r^2}\frac{dn_{AB}}{dr} \tag{4-2}$$

式中　ρ_B——B 原子的数量密度；

dn_{AB}——距离 A 原子 r 到 $r+dr$ 范围内 B 原子的平均数。

对径向分布函数峰值的积分是配位数（RCN），可用于统计原子 A 和 B 之间的配位情况。

图 4-9 所示为铝氧面羟基氢原子与 DMSO 氧原子（H_{oct}—O_{DMSO}）和硅氧面氧原子与 DMSO 碳原子（O_{tet}—C_{DMSO}）之间的径向分布函数和配位数。H_{oct}—O_{DMSO}在 2.1 Å 处存在一个尖峰，对该峰积分求得的配位数为 3，说明 DMSO 的 S═O 官能团与铝氧面羟基形成较强的氢键作用，平均每个氧原子与 3 个羟基氢原子配位。在本次研究中，对高岭石层间域表面与 DMSO 分子之间形成的氢键（包括氢键数量和键长）进行了直接计算。氢键形成的判断依据是 H⋯Y 之间的距离小于 3.2 Å，而且 X-H⋯Y 之间的夹角大于 90°，Y 和 X 分别代表氢键受体和氢键给体[120]。在这里 Y 代表 DMSO S═O 官能团氧原子，X 代表高岭石层间域铝氧面羟基氧原子。氢键计算表明平均每个 DMSO 氧原子可与铝氧面羟基氢原子形成 2.4 个氢键，平均键长为 2.48 Å。根据配位数的计算结果可知，尽管平均每个 DMSO 氧原子与 3 个羟基氢原子形成配位，但由于羟基的灵活性，并不是所有的氢原子都参与了氢键形成。RDF 和氢键的计算结果与由拉曼光谱和红外光谱推测的 DMSO S═O 官能团与铝氧面羟基的氢键作用相符[19,69]。对于 O_{tet}—C_{DMSO}，在 3.7 Å 和 5.1 Å 处存在两个峰，但后者的峰强度相对较弱。3.7 Å 处的峰归因于

DMSO 甲基与高岭石硅氧面的疏水作用，相应的配位数为 3，说明平均每个 DMSO 碳原子与 3 个硅氧面基面氧原子配位。

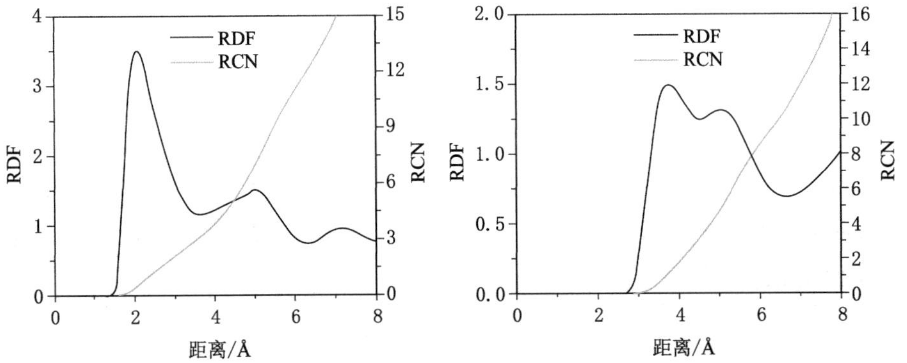

(a) H_{oct}—O_{DMSO}　　(b) O_{tet}—C_{DMSO}

图 4-9　高岭石层间域铝氧面羟基氢原子和 DMSO 氧原子以及硅氧面氧原子和 DMSO 碳原子之间的径向分布函数和配位数

高岭石层间域与 DMSO 之间的界面作用主要来源于静电引力、范德华作用力和氢键作用。它们之间的相互作用能可由式(4-3)求得：

$$E_{\text{interaction}} = E_{\text{total}} - (E_{\text{surface}} + E_{\text{DMSO}}) \tag{4-3}$$

式中　E_{total}——高岭石层间域铝氧面-DMSO 复合体系[图 4-2(b)]和高岭石层间域硅氧面-DMSO 复合体系[图 4-2(c)]的总能量；

E_{surface}——复合体系中单独的高岭石层间域铝氧面和硅氧面的能量；

E_{DMSO}——复合体系中单独的 DMSO 分子层能量。

图 4-10 给出了在模拟过程中层间域铝氧面和硅氧面与 DMSO 分子层的相互作用能。对于能量值而言，正值代表排斥作用，负值代表吸引作用。DMSO 与高岭石铝氧面的相互作用能为 −124.32 kcal/mol，与高岭石硅氧面的相互作用能为 −68.32 kcal/mol。两个表面都表现出对 DMSO 分子的亲和性，而铝氧面的亲和性高于硅氧面，与计算的高岭石层间域表面和尿素分子之间的相互作用能类似。

4.4.3　DMSO 官能团在高岭石表面的吸附位置

图 4-11 是 DMSO 分子的氧原子和碳原子在分子动力学模拟过程中在

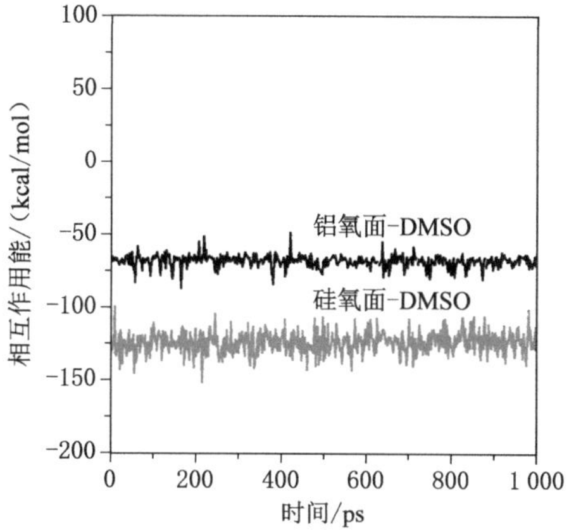

图 4-10　高岭石层间域铝氧面和硅氧面与 DMSO 的相互作用能

高岭石铝氧面和硅氧面的横向分布，用于可视化 DMSO 分子不同官能团在两个表面的吸附位置。在这里，甲基用 DMSO 的碳原子代表。原子分布图是根据在分子动力学模拟过程中收集的铝氧面-DMSO[图 4-2(b)]和硅氧面-DMSO[图 4-2(c)]复合模型轨迹文件中的原子坐标绘制的。由图 4-11(a)可以看出，绝大部分 DMSO 氧原子分布在铝氧面上由铝氧八面体组成的空穴中心区域。该区域被三个相互靠近的羟基所包围，在该处 DMSO S═O 官能团很容易与之形成氢键。因此，在铝氧面羟基氢原子和 DMSO 氧原子的 RDF 和 RCN 计算中发现平均每个 DMSO 氧原子与三个羟基氢原子配位。对于 DMSO 甲基在高岭石硅氧面的吸附，与氧原子在铝氧面的吸附类似，主要分布在硅氧面的复三方孔中间区域[图 4-11(b)]。硅氧面上的复三方孔被六个氧原子组成的六元环所包围，相比于硅原子的位置更凸向高岭石层间域，导致硅氧面携带局部负电荷和表现出疏水性[20]。因此，硅氧面可通过与甲基的疏水作用吸引 DMSO 进入高岭石层间域。Vasconcelos 等[159]通过分子动力学模拟计算了无机离子在高岭石表面的吸附，同样发现硅氧面复三方孔是局部高吸附位点，可有效吸附周围环境中的正电离子。由图 4-11 可以看出，甲基在硅氧面上的吸附相比于氧原子在铝氧面上的吸附分布更离散，其原因是铝氧面与 DMSO 分子的相互作用能强于硅氧面，而且 DMSO S═O 官能团与铝氧面羟基形成较强的氢键作用。

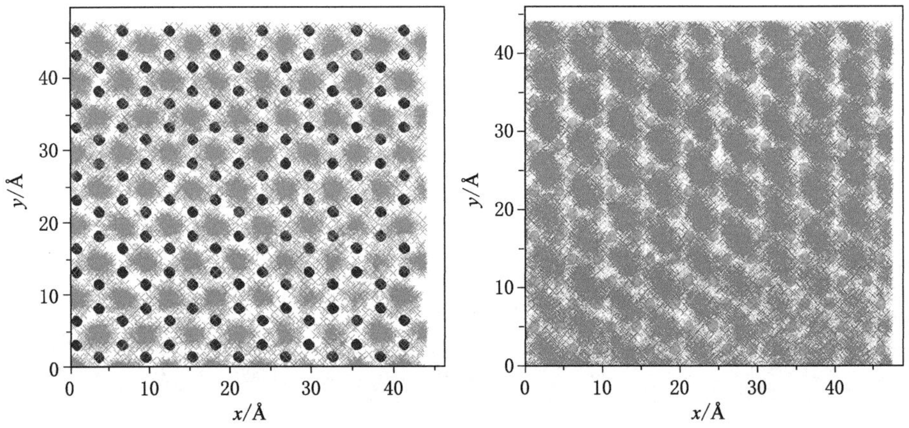

（a）氧原子在高岭石铝氧面的密度分布　　（b）碳原子在硅氧面的密度分布

图 4-11　DMSO 分子氧原子在高岭石铝氧面和碳原子在硅氧面的密度分布

4.5　本章小结

在当前研究中，采用分子动力学模拟计算了 DMSO 分子在高岭石层间域的界面结构和与高岭石层间域表面的界面作用。DMSO 在高岭石层间以单层结构分布，其 S═O 官能团与层间域铝氧面羟基形成较强的氢键作用；甲基则倾向和硅氧面以疏水作用联系在一起。高岭石硅氧面上的复三方孔和铝氧面上的八面体空穴是局部高吸附位点，可有效吸附 DMSO 的甲基和 S═O 官能团。高岭石铝氧面和硅氧面都对 DMSO 分子表现出亲和性，但铝氧面与 DMSO 的相互作用能强于硅氧面，加之铝氧面羟基可与 DMSO S═O 官能团形成较强的氢键作用，因此对 DMSO 的插层起到关键作用，硅氧面同样对 DMSO 的插层做出重要贡献。

第 5 章　大分子对高岭石层间域插层热力学机理

黏土矿物由于其特定的形貌特征和物化性能已经得到广泛研究和应用。黏土矿物属于层状硅酸盐,由具有纳米尺寸的基本结构单元堆叠形成。在黏土矿物家族中,蒙脱石由于具备离子交换性、膨胀性和较大的比表面积已经被广泛应用在催化、环境修复、黏土-聚合物复合材料等领域[15,129,160]。与蒙脱石不同,高岭石是 1∶1 型黏土矿物,其基本结构单元由共用顶氧原子连接的铝氧八面体和硅氧四面体组成。基本结构单元在垂直高岭石(001)晶面方向堆叠形成高岭石片层,在层间域中暴露着化学性质截然不同的两个表面——铝氧面和硅氧面,铝氧面上覆盖有一层表面羟基,而硅氧面上覆盖有一层基面氧原子。高岭石片层的堆叠使高岭石层间存在氢键作用和极性作用。黏土矿物表面的亲水特性限制了其应用范围,尤其是当用作补强剂添加到疏水性聚合物基体中制备黏土-聚合物复合材料时,高岭石片层很难实现与聚合物基体的界面相融,导致不能达到很好的补强效果[161]。为了促进高岭石与聚合物基体的界面相融,需要对高岭石表面进行有机改性来改变高岭石表面的化学特性。针对黏土矿物常用的表面改性剂,季铵盐含有亲水性官能团和疏水性烷烃链。在端部的亲水性官能团可黏附在黏土矿物表面,改性剂的烷烃链可作为黏结剂将高岭石片层和聚合物基体连接起来,从而使高岭石片层均匀分散在聚合物基体中,提高复合材料的机械力学性能和气体阻隔性能等[161]。在黏土的表面改性方案中,由插层作用伴随的表面改性具有广阔的应用前景。因为插层可使黏土矿物层间距扩大,有助于高岭石片层的剥离,在此过程中同时实现了黏土矿物表面的有机改性。因此,剥离后的有机黏土具有较大的径厚比,可均匀分散在橡胶基体中,从而提高复合材料的机械力学性能[161-162]。蒙脱石由于具备离子交换性,很容易实现有机化合物的插层和表面改性,并且已经实现工业应用[13]。对于高岭石,由于其片层间存在较强的氢键作用,导致有机化合物的插层较难实现,因此高岭石通常被认为是不可膨胀性黏土矿物,具有较低的化学活性。尽管如此,高岭石由于其 1∶1 型的层状结构,在层间域中存在化学性质完全不同的两个表面。两个表面的官能团可作为氢键给体或氢键受体通过氢键作用吸引化合物进入高岭石层间实现插层[9]。表面改性剂由于其分子体积的限制很难直接进入高岭石层间域,但试验研究证实高岭石-甲醇插层复合物可作为前驱体实现大分子表面改性剂的插层[34,51,53,163]。

尽管高岭石层间域与表面改性剂之间的界面结构已经通过 X 射线衍射、红外光谱、拉曼光谱和核磁共振等试验方法得到有效研究[24,51,53,163],但针对大分子有机化合物进入高岭石层间域的热力学机理尚无定论,该方面的信息很难通过常规试验方法获得。分子动力学模拟已经成为在原子尺度范围内研究与黏土有关的界面作用和界面结构的有力工具[91,117,164-165]。为了计算表面改性剂进入高岭石层间域过程的自由能变化,需要构建的模型体系和模拟时间都要大于传统的全原子分子动力学模拟技术。自适应偏置力方法可通过提高空间取样来有效加速分子动力学模拟过程[124,166]。该方法已经成功用于计算黏土矿物在水环境中吸附有机污染物的自由能,计算结果与试验计算的自由能相符[91]。在当前研究中,采用自适应偏置力分子动力学模拟计算了具有带电官能团和电中性官能团的烷烃链改性剂对高岭石-甲醇复合物层间域进行插层的自由能,还计算了改性剂与高岭石层间域的相互作用能以及改性剂不同组成部分(烷烃链和端部官能团)对相互作用能的贡献。

5.1 分子动力学模拟

自适应偏置力分子动力学模拟用于计算烷烃链表面改性剂对高岭石-甲醇复合体系进行层间域插层和改性的热力学机理。在本次研究中选择携带电中性官能团的十二胺和离子官能团的十六烷基三甲基氯化铵(CTAC)

及硬脂酸钠作为表面改性剂，其分子结构如图 5-1 所示；构建了具有周期性边界条件的高岭石单晶胞，其结构式为 $Al_4Si_4O_{10}(OH)_8$。然后构建 8×5×1 高岭石超晶胞，该超晶胞在 x 和 y 轴方向的尺寸为 41.20 Å 和 44.67 Å。将两个高岭石超晶胞在 z 轴方向堆叠构建高岭石层间域，该模型中 z 轴方向垂直于高岭石(001)晶面，如图 5-2 所示。在构建的高岭石层间域模型中，位于中间的层间域用来模拟高岭石层间域的吸附行为。由周期性边界条件引入的上、下两个层间域保持不反应状态。将甲醇分子随机分布于高岭石层间域中来构建充满甲醇的层间域环境。为了计算表面改性剂在高岭石层间域和周围溶液环境间运移过程的自由能变化，构建了高岭石层间域-液相复合模型。该模型的构建过程是先将高岭石层间域模型沿(010)晶面剪切，其断面断键由 OH 官能团饱和。根据 Liu 等[167]的研究，断面的铝原子采取 5 配位体构型。然后将厚度为 30 Å 的真空层添加到(010)断面上。对于十二胺和 CTAC，在真空层中填充甲醇分子来构建高岭石层间域-甲醇复合模型用于计算十二胺和 CTAC 在高岭石层间域与周围甲醇环境中运移过程的自由能变化，如图 5-3 所示。实际的高岭石-十二胺和高岭石-CTAC 插层试验是在甲醇中进行的。对于硬脂酸钠，在真空层中填充了水分子来构建高岭石层间域-水复合模型用于计算硬脂酸钠在高岭石层间域和水环境中运移过程的自由能变化。最后将一个表面改性剂分子置于层间域的中间区域。

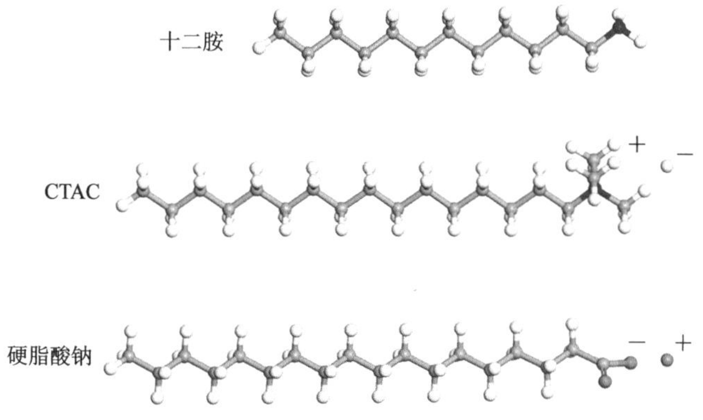

图 5-1　具有电中性和带电官能团改性剂的分子结构

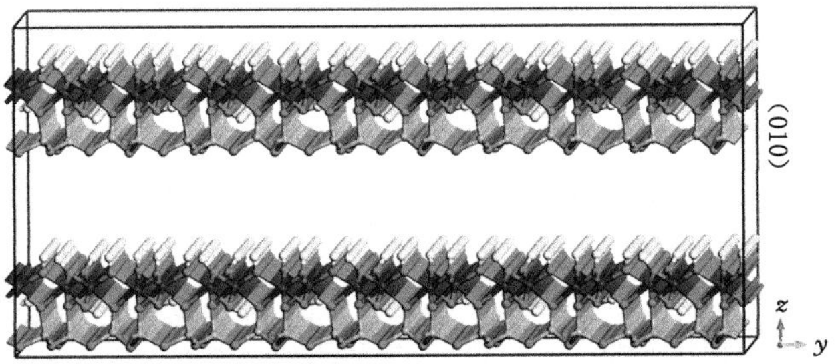

图 5-2 高岭石层间域结构模型

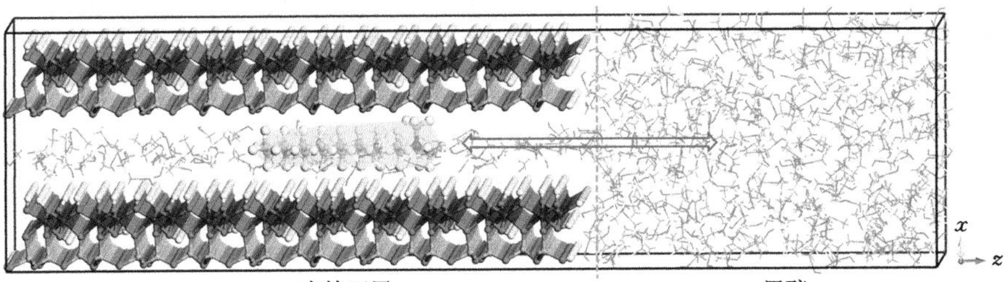

图 5-3 高岭石层间域-甲醇复合模型用于计算 CTAC 和十二胺在高岭石层间域和甲醇环境间运移过程的自由能变化

采用自适应偏置力分子动力学模拟计算了改性剂在高岭石层间域和周围液相环境中运移的平均力势。该方法已经成功用于黏土矿物层间域吸附有机污染物的自由能计算,其计算结果与试验值一致[91]。分子动力学模拟使用 LAMMPS 软件运行。在本次研究中使用 INTERFACE 力场描述高岭石结构和用 OPLS-AA 力场描述改性剂及甲醇分子。两个力场的兼容性以及对黏土矿物和有机分子复合体系的适用性已经得到验证[112,156]。在分子模拟之前先对体系进行能量优化,之后在 NPT 系综下运行 10 ns 使体系达到平衡,温度和压力控制在 300 K 和 0.1 MPa。

为了使用自适应偏置力方法计算表面改性剂在高岭石层间域和液相环境间运移过程的自由能(potential of mean force,PMF)变化。首先采用受控分子动力学模拟在 NVT 系综下将平衡体系中的表面改性剂从高岭石层间域中向周围液相环境中拉出，牵引速率为 1 Å/ns。改性剂迁移的路径被设定为计算 PMF 的反应路径。在改性剂迁移过程中输出一系列模拟体系的构象用于 ABF 分子动力学模拟。将输出的体系构象沿着反应路径平均分布在 30 个计算单元中，在相邻计算单元之间存在 0.2 Å 的重叠。在每个计算单元中将输出的体系构象在 NVT 系综下进行 5 ns 的 ABF 分子动力学模拟来计算平均力势。最后将每个窗口计算的平均力势连接起来组成改性剂在高岭石层间域和周围液相环境中运移过程的自由能曲线。

为了计算高岭石层间域与表面活性剂的界面结构以及它们之间的相互作用能，对体系完成 10 ns 的平衡运算后，再在 NPT 系综下继续进行 1 ns 运算用于轨迹收集。温度和压力控制在 300 K 和 0.1 MPa，分别采用 Nose-Hoover 控温器和控压器。体系的轨迹文件每 2 ps 输出一帧。采用 Ewald 算法计算长程静电引力，其收敛精度为 10^{-4}。采用 12-6 L-J 计算短程范德华作用，截断半径为 10 Å。模型体系的边界条件采用三维周期性边界。

5.2　分子动力学模拟分析

5.2.1　高岭石插层自由能

自由能的计算可直观给出涉及插层过程的反应趋势。改性剂沿高岭石层间域到周围液相环境反应路径的自由能显示改性剂在高岭石层间域的自由能低于在周围液相环境中的自由能（图 5-4），表明高岭石层间域与改性剂的亲和性对改性剂进入高岭石层间在能量角度是有利的。在此研究中插层自由能 ΔG 定义为改性剂稳定在高岭石层间域（－15 Å 处）的自由能与位于高岭石-液相界面处（2 Å 处）的自由能差值（图 5-4）。据此计算的 CTAC、硬脂酸钠和十二胺的插层自由能为－38 kcal/mol、－15 kcal/mol 和－10 kcal/mol。由此可知，相比于具有电中性官能团的十二胺，高岭石层间域对具有带电官能团的 CTAC 和硬脂酸钠具有较高的亲和性。因此，可推测具有带电官能团改性剂的插层驱动力主要来源于静电引力。CTAC 的自由能曲线在高岭石层间域中呈现出崎岖不平的现象，如图 5-4(a)所示，存在局部最大值点。这些局部最大值点代表能量壁垒，与 CTAC 的$N(CH_3)_{3+}$在高岭石层间域中硅氧面上相邻复三方孔间的迁移有关。因为硅氧面上的复三方孔被六个带负电的氧原子组成的六元环所包围，该区域可通过静电引力作用吸附具有带正电官能团的离子，所以 CTAC 的 $N(CH_3)_{3+}$ 官能团可通过静电引力作用牢固束缚在复三方孔区域。该观点已经通过 CTAC 的氮原子在高岭石硅氧面的原子分布图所证实，CTAC 的 $N(CH_3)_{3+}$ 官能团可稳固吸附在硅氧面的复三方孔上，因此需要克服能量壁垒使其在相邻复三方孔间运移。

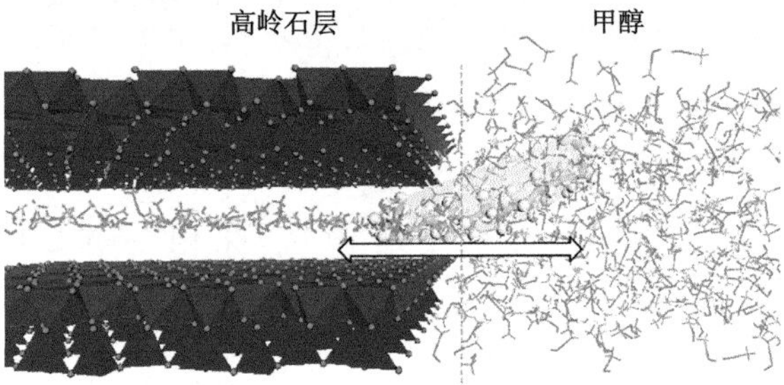

（a）CTAC在高岭石层间域和周围甲醇环境中的运移过程

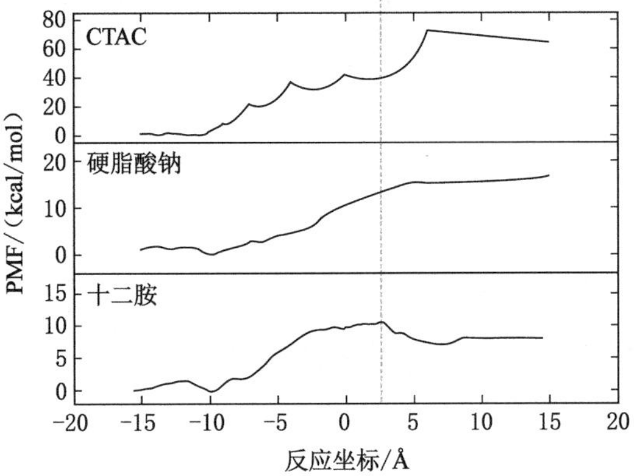

（b）运移过程的自由能

图 5-4　ABF 分子动力学模拟计算的 CTAC、硬脂酸钠和十二胺在高岭石层间域和溶液环境间运移过程的自由能

5.2.2 高岭石层间域与改性剂的相互作用能

高岭石层间域的插层过程归因于改性剂与高岭石层间域相互作用而获得的焓变能量和改性剂从周围液相环境中分离进入高岭石层间域而获得的熵变能量。计算焓变能量和熵变能量对高岭石层间域插层过程的贡献有助于深入理解高岭石层间域插层过程的驱动力来源。本书计算了改性剂与高岭石层间域中铝氧面、硅氧面和层间甲醇的相互作用能来评价所获得的焓变能量。相互作用能采用式(5-1)计算：

$$E_{\text{interaction}} = E_{\text{total}} - (E_{\text{surface or in-met}} + E_{\text{surfactant}}) \tag{5-1}$$

式中 E_{total}——高岭石-硅氧面、高岭石-铝氧面和高岭石-层间甲醇体系的总能量；

$E_{\text{surface or in-met}}$——独立的高岭石硅氧面、高岭石铝氧面和高岭石层间甲醇的能量；

$E_{\text{surfactant}}$——独立的表面改性剂的能量。

当计算改性剂与复合模型(图5-3)中下层高岭石层间域铝氧面的相互作用能时，将复合模型中上层高岭石片层、层间甲醇和液相甲醇全部去除，以避免对目标能量计算的影响。此外将一个40 Å的真空层添加到高岭石片层之上以避免周期性边界条件对能量计算的影响。当计算改性剂与复合模型中上层高岭石层间域硅氧面或者层间甲醇的相互作用能时，采用类似的方法将复合模型中其他组分去除以避免对目标能量计算的影响。图5-5给出了相互作用能的计算示意图，以十二胺和高岭石层间域的相互作用能计算为例。以力场为基础的相互作用能包括静电势能和范德华能，为了计算两种能量对相互作用能的贡献，还分别计算了只包含静电势能和范德华能的相互作用能。

图5-6是改性剂与高岭石层间域中铝氧面、硅氧面和层间域甲醇的相互作用能以及静电势能和范德华能对相互作用能的贡献。对相互作用能的分解可直观得到静电势能和范德华能对插层过程所获得的焓变能量的贡献。对于能量值而言，负值代表吸引作用，正值代表排斥作用。结果显示，静电势能和范德华能都对高岭石层间域的插层和改性过程做出一定贡献。十二胺与高岭石层间域中铝氧面、硅氧面和层间甲醇的相互作用能分别为

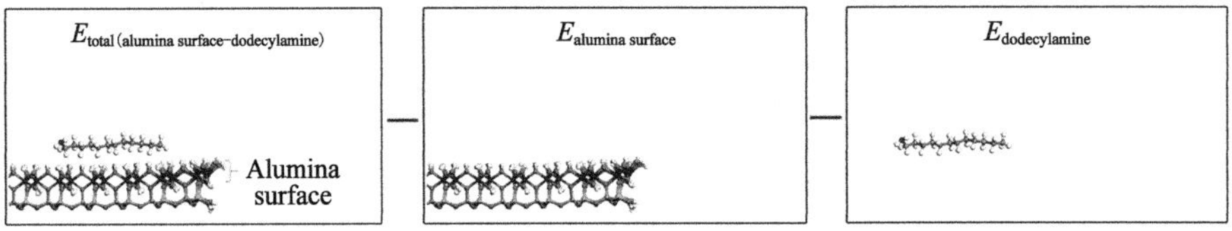

（a）高岭石层间域-甲醇复合模型（图5-3）的侧视图（一）

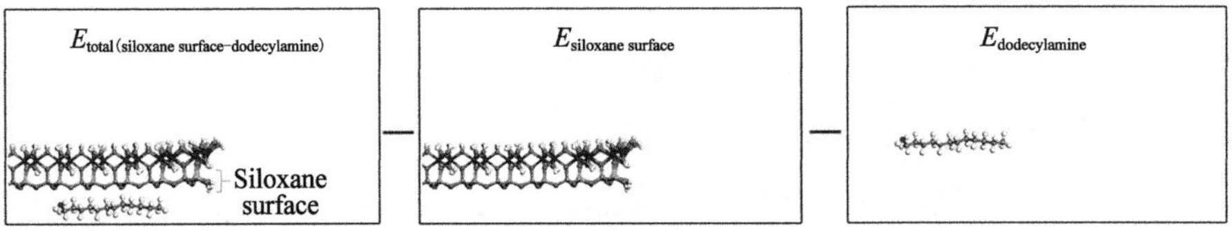

（b）高岭石层间域-甲醇复合模型（图5-3）的侧视图（二）

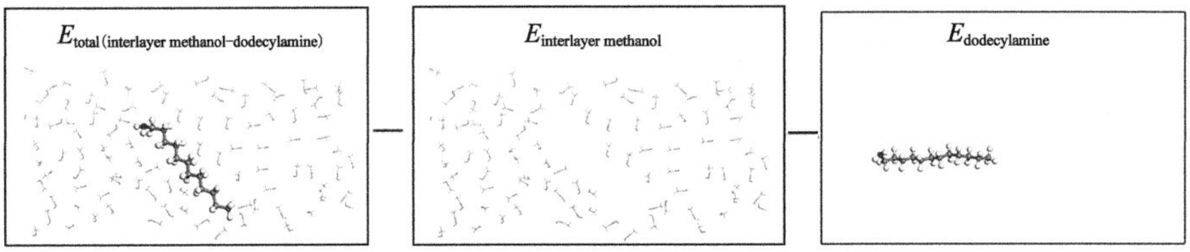

（c）高岭石层间域-甲醇复合模型（图5-3）的顶视图

图 5-5　十二胺与高岭石层间域中铝氧面、硅氧面和层间甲醇的相互作用能计算示意图

－4.64 kcal/mol、－3.41 kcal/mol 和 －7.31 kcal/mol，说明高岭石层间域对十二胺具有亲和性。静电势能占十二胺和铝氧面相互作用能的比例为 62%（－2.88 kcal/mol），说明静电势能相比于范德华能的贡献更大。而对于和硅氧面的相互作用能，范德华能的贡献则相对较大，其所占比例为 65%（－2.21 kcal/mol）。层间甲醇和十二胺的相互作用能高于铝氧面和硅氧面，其中静电势能和范德华能所占的比例分别为 64%和 36%。具有离子官能团的 CTAC 和硬脂酸钠与高岭石层间域的相互作用能和具有电中性的十二胺有所不同。CTAC 与层间域中铝氧面、硅氧面和层间甲醇的相互作用能分别为 38.39 kcal/mol、－13.47 kcal/mol 和－48.15 kcal/mol。对于硬脂酸钠，相应的相互作用能分别为 － 43.43 kcal/mol、7.79 kcal/mol 和 －2.07 kcal/mol。对于具有离子官能团的改性剂，并不是所有的层间域组分都对改性剂具有亲和性，归因于静电引力中的同性相斥作用。高岭石层间域中的铝氧面和硅氧面分别携带局部正电荷和负电荷，因此会因为电荷

间的同性相斥作用对 CTAC 的 $N(CH_3)_{3+}$ 和硬脂酸钠的 COO^- 产生排斥作用。即便如此，高岭石层间域中的对立面携带与改性剂离子官能团相反的电荷会因异性电荷间的吸引作用促进改性剂的插层过程。结果显示，具有带正电离子官能团的硬脂酸钠与层间域铝氧面具有吸引效应的相互作用能为－43.43 kcal/mol，其中静电势能为－39.74 kcal/mol、范德华能为－3.69 kcal/mol。其能量值的绝对值要高于与硅氧面具有排斥效应的相互作用能 7.79 kcal/mol。对于 CTAC，尽管铝氧面对其具有排斥效应的相互作用能达到 38.39 kcal/mol，其能量值高于硅氧面的吸引相互作用能－13.47 kcal/mol，但层间域甲醇对 CTAC 的吸引相互作用能高达－48.15 kcal/mol。因此，层间域甲醇对 CTAC 的亲和性足以克服铝氧面的排斥作用。对于十二胺，层间域甲醇同样对其具有较强的亲和性。与 CTAC 和十二胺对高岭石的插层试验相符，高岭石层间域中的甲醇对 CTAC 和十二胺的插层过程起到关键作用[34,51]。由图 5-6 可知，尽管改性剂与高岭石层间域的范德华能相较于静电势能所占的比例相对较小，但均表现出吸引作用。

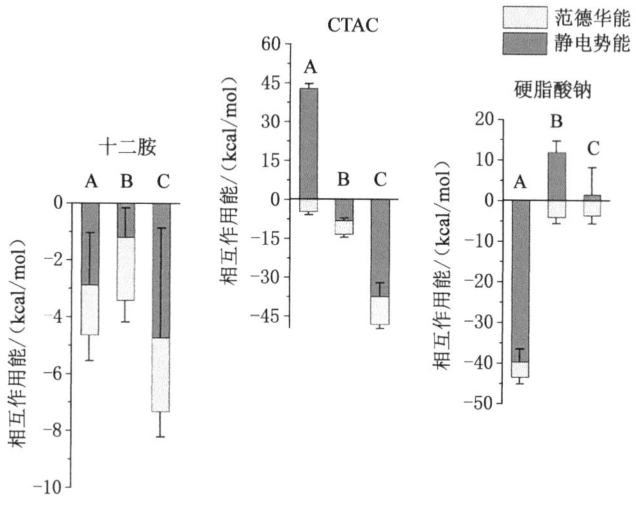

A、B 和 C 分别代表层间域中铝氧面、硅氧面和层间甲醇。

图 5-6　十二胺、CTAC、硬脂酸钠与高岭石层间域的相互作用能以及静电势能和范德华能对相互作用能的贡献

5.2.3 相互作用能分解

图 5-7 给出了改性剂不同组成部分端部官能团和烷烃链对于高岭石层间域相互作用能的贡献。从图中可以看出,尽管改性剂的离子官能团具有较少的原子数,但其携带较大的电荷,占与高岭石层间域静电势能较大的比例。对于 CTAC 和硬脂酸钠,其端部离子官能团与高岭石层间域的静电势能占总静电势能的 80%。而对于烷烃链,尽管有较大的原子数,但每个原子携带的电荷较小,因此对静电势能的贡献较小。对于电中性的十二胺,与高岭石层间域的静电势能主要来源于烷烃链而不是端部官能团 NH_2。图 5-7 还显示改性剂与层间域相互作用能中的范德华能主要来源于烷烃链。三种表面改性剂的烷烃链与层间域间的范德华能占据相应总范德华能的比例超过 85%。由此可知,烷烃链倾向于疏水环境,烷烃链与高岭石层间域的疏水作用也会促进其层间域插层和改性。一旦改性剂进入高岭石层间域后,会使高岭石层间域疏水性增强,改性剂烷烃链间的疏水作用会诱导更多的改性剂进入高岭石层间域。当层间域表面被改性剂均匀占据后,随后进入层间域的改性剂会迫使高岭石层间域进一步扩大并制造更多的空间,从而容纳更多的改性剂。高岭石层间域被改性剂填充已得到 X 射线衍射的证实,其层间距可由 7.2 Å 增大到 40 Å[34]。改性剂的插层作用可有效减弱高岭石片层间的结合力,从而使高岭石片层很容易剥离开来,同时使高岭石片层有机改性,在高岭石-聚合物复合材料制备方面具有广阔的应用前景。当高岭石片层被剥离到 10～20 nm 厚度时,由于硅氧面和铝氧面的尺寸不匹配效应可自发形成纳米卷[34]。

5.2.4 高岭石层间域与改性剂的界面结构

高岭石层间域与改性剂的界面结构有助于探索改性剂不同组成部分包括端部官能团和烷烃链与高岭石层间域表面的界面作用。图 5-8 所示为改性剂不同组成部分在层间域表面的原子分布。原子分布图是根据分子动力学模拟过程中输出的原子坐标绘制的。在本研究中,氮原子代表十二胺和 CTAC 的端部官能团 NH_2 和 $N(CH_3)_{3+}$,氧原子代表硬脂酸钠的端部官能团 COO^-,碳原子代表烷烃链中的亚甲基和尾部甲基。从改性剂的原子分

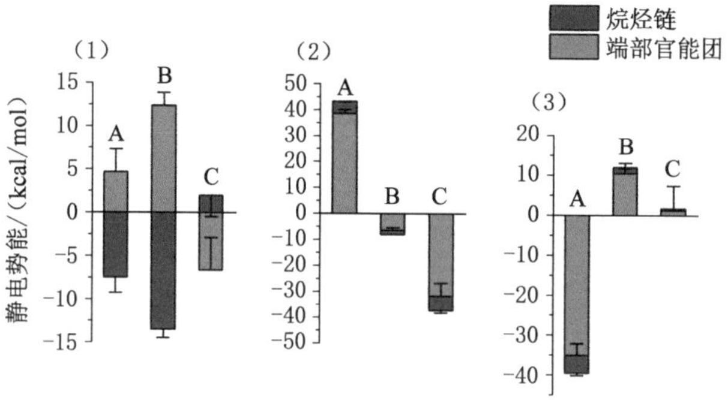

(a) 静电势能的分解

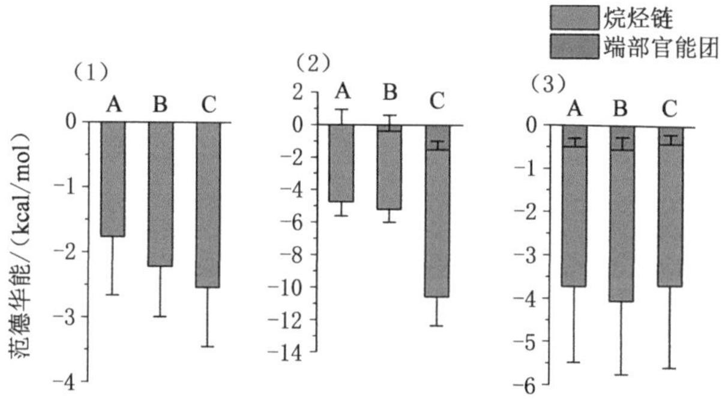

(b) 范德华能的分解

A、B 和 C 分别代表层间域中铝氧面、硅氧面和层间甲醇；

(1)—十二胺，(2)—CTAC，(3)—硬脂酸钠与高岭石。

图 5-7 十二胺、CTAC 和硬脂酸钠与高岭石层间域的静电势能和范德华能分解到改性剂的端部官能团和烷烃链

布图可直观地看出改性剂不同组成部分在高岭石层间域表面的主要吸附位置和在高岭石表面的动态行为。图 5-8(b)显示了 CTAC 的 $N(CH_3)_{3+}$ 官能团可牢固吸附在硅氧面的复三方孔区域，在分子动力学模拟过程中几乎没有改变位置。被带有负电荷的六个氧原子所包围的复三方孔是局部高吸附位点，可通过静电引力作用有效吸附带正电的离子。在选矿工业中季铵盐通常被用作浮选剂将高岭石黏土作为矸石从铁矿中分离出来[168]，主要是因为季铵盐的 $N(CH_3)_{3+}$ 官能团可通过静电引力作用强力吸附在高岭石硅氧面上，从而使高岭石与其他矿物分离。此外，在 CTAC 的插层自由能曲线中

发现当CTAC在高岭石层间域中运移时存在能量壁垒，主要是由CTAC的$N(CH_3)_{3+}$官能团在硅氧面上相邻复三方孔间运移造成的。对于十二胺，其电中性NH_2官能团在层间域中表现出较强的动态行为，主要归因于与层间域表面较弱的相互作用。硬脂酸钠的COO^-主要吸附在铝氧八面体组成的空穴区域[图5-8(c)]，该区域被相互靠近的三个羟基所包围[图5-9(b)]。与硅氧面的复三方孔区域相似，铝氧面的八面体空穴区域也是局部高吸附位点，可通过静电引力作用吸附带负电的离子。CTAC的$N(CH_3)_{3+}$拥有三个甲基连接在一个氮原子上，在空间上具有3D结构[图5-9(a)]。$N(CH_3)_{3+}$与复三方孔的尺寸相当，可形成很好的嵌合，因此对$N(CH_3)_{3+}$在硅氧面复三方孔的限制具有一定贡献。

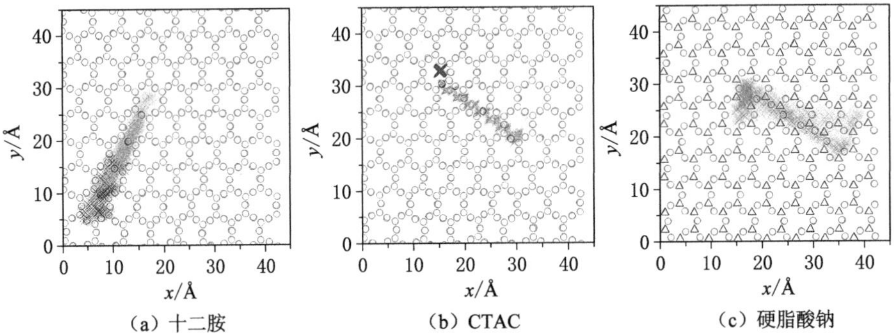

图5-8　十二胺、CTAC和硬脂酸钠端部官能团和烷烃链在高岭石表面的原子分布

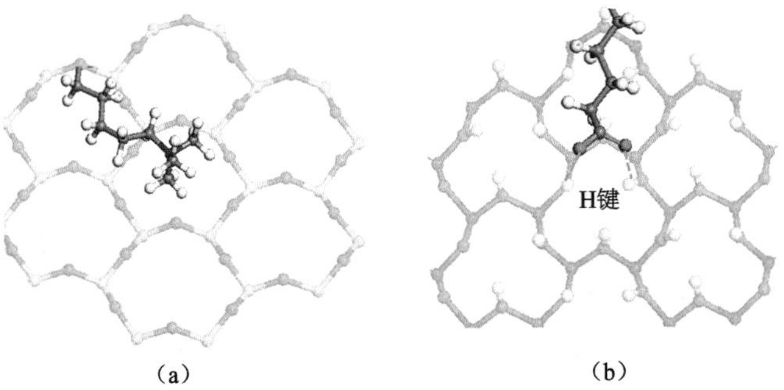

图5-9　CTAC的$N(CH_3)_{3+}$-硅氧面和硬脂酸根COO^--铝氧面的界面结构

由图 5-8 可知，改性剂的烷烃链由于受高岭石层间域的限制几乎呈线型结构分布于高岭石层间域。对于十二胺和 CTAC，其底图为层间域硅氧面，空心圆分别代表硅氧层的硅原子和氧原子；叉代表十二胺和 CTAC 端部官能团 NH_2 和 $N(CH_3)_{3+}$ 的氮原子及代表烷烃链的碳原子。对于硬脂酸钠，其底图为铝氧面，空心三角和空心圆代表铝氧八面体的铝原子和氧原子；叉代表硬脂酸根 COO^- 的氧原子和烷烃链中的碳原子。

5.3　本章小结

在本次研究中采用自适应偏置力分子动力学模拟计算了携带电中性和离子官能团的烷烃链大分子改性剂在高岭石层间域和周围液相环境中运移过程的自由能变化。通过热力学机理分析发现 CTAC、硬脂酸钠和十二胺对高岭石的插层自由能为 −38 kcal/mol、−15 kcal/mol 和 −10 kcal/mol。甲醇插层后的高岭石层间域对携带离子官能团的表面改性剂具有更强的亲和性。改性剂对高岭石层间域插层和改性的驱动力主要来源于与层间域铝氧面、硅氧面和层间甲醇相互作用获得的焓变能量。其焓变能量主要来源于静电势能和范德华能，其中静电势能起主导作用。对于携带离子官能团的 CTAC 和硬脂酸钠，可通过与高岭石层间域的静电引力作用获得更多的焓变能量，相比于电中性的十二胺更容易实现层间域插层和改性。电中性的十二胺则凭借其烷烃链与高岭石层间域的静电引力作用和范德华能作用实现其插层和改性过程。高岭石的层间甲醇可使层间域更具疏水性，从而有助于诱导疏水性有机改性剂进入高岭石层间域。

第6章　高岭石-十二胺插层复合物层间域结构

有机改性可使黏土矿物表面由亲水性变为亲有机性，已被广泛应用在环境修复和黏土-聚合物复合材料等领域[81,169]。有机改性剂对黏土矿物层间域的插层可减弱黏土矿物片层间的结合力，从而促使黏土片层剥离，同时对黏土矿物表面有机改性。黏土矿物被有机改性后，可促进与聚合物基体的界面相融，从而合成具有高机械性能和气体阻隔性能的黏土-聚合物复合材料。在之前的研究中，蒙脱石族矿物由于具有膨胀性，所以具有比较大的比表面积和可交换性层间离子，已经得到广泛研究和应用[170-175]。高岭石作为1∶1型层状硅酸盐矿物，其基本结构单元由一层铝氧八面体和一层硅氧四面体组成，二者由共用顶氧原子连接。与蒙脱石不同，高岭石层间缺乏可交换性阳离子，其基本结构单元由层间的氢键和极性作用相结合，因此被视为不可膨胀性黏土矿物。一些有机极性小分子如二甲基亚砜、尿素、醋酸钾等可打破高岭石层间的氢键作用进入高岭石层间形成高岭石插层复合物[4,19]。这些高岭石插层复合物可作为前驱体诱导大分子改性剂进入高岭石层间，从而实现高岭石层间域的改性[24,51,53,176]。理解高岭石-改性剂复合物的界面结构和界面作用对有机黏土的制备以及在黏土-聚合物复合材料中的应用具有重要的科学和实践意义。XRD、红外光谱、拉曼光谱以及核磁共振是研究高岭石插层复合物界面结构和界面作用常用的试验手段[51,177-178]。基于高岭石-有机复合物层间距的大小和改性剂的链长，可推测出改性剂在高岭石层间的结构构象，但对层间域界面结构直观的认识还没有定论。分子动力学模拟可在原子尺度范围内可视化复合体系的界面结构，如高岭石-二甲基亚砜、高岭石-尿素和高岭石-甲醇等插层复合物的层间域结构[100-101]。在本次研究中，结合 XRD、红外光谱以及分子动力学模拟研究了十二胺在高岭石层间的结构特征以及十二胺与高岭石层间域的界面作用。

6.1 高岭石插层复合物合成与试验方法

6.1.1 插层复合物制备

把 50 g 高岭石溶于 100 mL 质量百分比为 90%的 DMSO 溶液中制浆，在 60 ℃下搅拌 12 h 后离心分离得到高岭石-DMSO 插层复合物，将插层复合物在 60 ℃下干燥 24 h。将 20 g 干燥的高岭石-DMSO 插层复合物加入 1 000 mL 甲醇中，在室温下搅拌，新鲜甲醇每隔 24 h 更换一次，重复 7 次后，离心分离获得高岭石-甲醇插层复合物。将 1 g 湿润状态下的高岭石-甲醇插层复合物加入 30 mL 由甲醇溶解的十二胺中，在 40 ℃环境下磁力搅拌 24 h 后离心分离得到高岭石-十二胺插层复合物。

6.1.2 试验测试

① X 射线衍射(XRD)使用日本 Rigaku 公司生产的 D/max-2500PC 型全自动 X 射线衍射仪，Cu 靶，管压 40 kV，管流 100 mA。扫描参数为：步幅 0.02°，狭缝系统 DS＝SS＝1°，RS＝0.3 mm，扫描速度 4°/min。

② 傅里叶红外光谱(FTIR)使用美国 Thermo Fisher 公司生产的 Nicolet6700 型傅里叶变换红外光谱仪，扫描步幅为 4 cm^{-1}，扫描范围为 4 000～600 cm^{-1}。

6.2 分子动力学模拟

分子动力学模拟可在原子尺度范围内研究高岭石-十二胺插层复合物的界面结构和界面作用。在本次研究中构建了具有周期性边界条件的高岭石单晶胞，其结构式为 $Al_4Si_4O_{10}(OH)_8$，然后构建了 4×4×1 高岭石超晶胞，该超晶胞在 x 和 y 轴方向的尺寸为 20.60 Å 和 35.74 Å。为了构建高岭石-十二胺复合分子模型，首先构建装有十二胺分子的无定形模拟盒子，该无定形模拟盒子在 x 和 y 轴方向的尺寸与高岭石超晶胞一致。采用建层工具将十二胺分子层夹于高岭石超晶胞之间构建高岭石-十二胺复合分子模型。在本次研究中使用 Dreiding 力场描述高岭石和十二胺的分子结构。在分子模拟之前先对体系进行能量优化，之后在 NPT 系综下运行 200 ps 使体系达到能量平衡，然后再运行 300 ps 用于轨迹文件收集。模拟温度和压力采用 Nose-Hoover 控温器和 Berendsen 控压器控制在 298 K 和 0.1 MPa。采用 Ewald 算法计算长程静电引力，其收敛精度为 10^{-4}。采用 12-6 L-J 计算短程范德华作用，截断半径为 10 Å。模型体系的边界条件采用三维周期性边界，轨迹文件每 20 fs 输出一帧。在模拟过程中采用 Verlet-Leapfrog 算法求解运动方程。根据能量平衡后的轨迹文件计算十二胺分子各原子在高岭石层间沿 z 轴方向的密度分布来分析十二胺分子在高岭石层间域的结构构型。

6.3 高岭石-十二胺界面结构分析

6.3.1 X 射线衍射分析

图 6-1(a)所示为高岭石典型的 XRD 图谱。当 DMSO 进入高岭石层间域后会使高岭石层间距由 7.2 Å 增大到 11.2 Å，引起高岭石层间距的增大。此外，高岭石的(020)、$(1\bar{1}0)$、$(\bar{1}\bar{1}1)$、(003)、$(\bar{2}02)$和(131)晶面衍射峰全部消失，说明经 DMSO 插层后高岭石的晶体结构变为无序化。甲醇分子很难通过直接插层进入高岭石层间，但可通过高岭石-DMSO 插层复合物为前驱体实现间接插层。图 6-1(c)显示了甲醇可替换高岭石-DMSO 插层复合物层间域的 DMSO 分子，使层间距减小至 8.9 Å。此外，高岭石的(001)晶面衍射峰发生宽化，说明通过甲醇插层可使高岭石的晶体结构进一步无序化。用高岭石-甲醇插层复合物为前驱体，可使十二胺大分子插入高岭石层间域，使其层间距增大到 42.9 Å(6.1 d)。

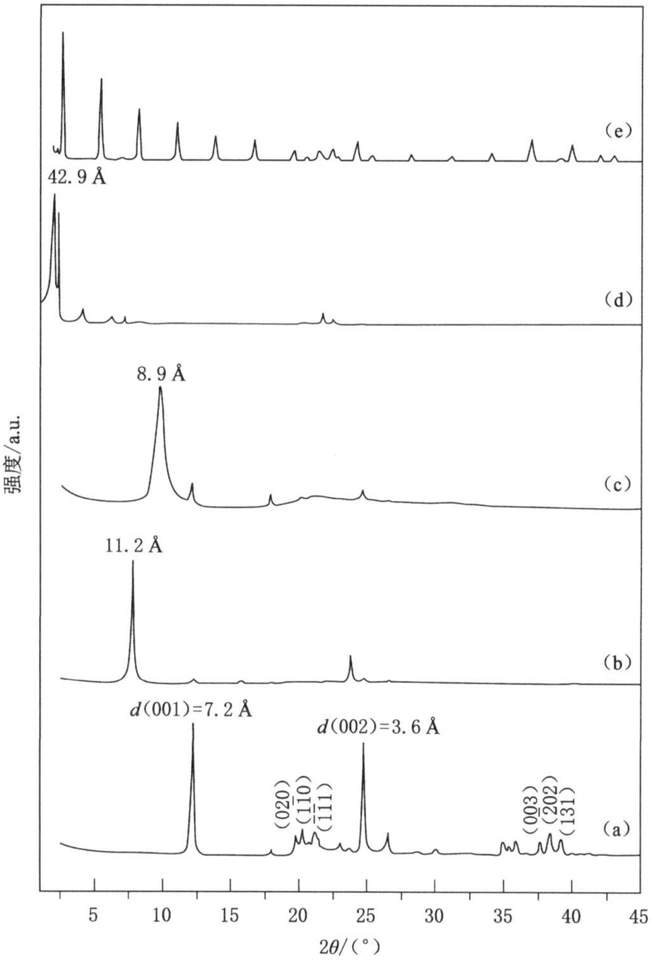

图 6-1　高岭石、高岭石-二甲基亚砜插层复合物、高岭石-甲醇插层复合物、高岭石-十二胺插层复合物和十二胺晶体的 XRD 图谱

6.3.2　红外光谱分析

图 6-2 所示为高岭石及其插层复合物在高频区的红外光谱。图 6-2(a)中三个位于 3 690 cm^{-1}、3 668 cm^{-1}和 3 651 cm^{-1}处的吸附峰归属于高岭石层间域内表面羟基的伸缩振动。位于 3 620 cm^{-1}处的吸收峰归属于高岭石晶格中内羟基的伸缩振动。层间域的内表面羟基对高岭石的插层和改性比

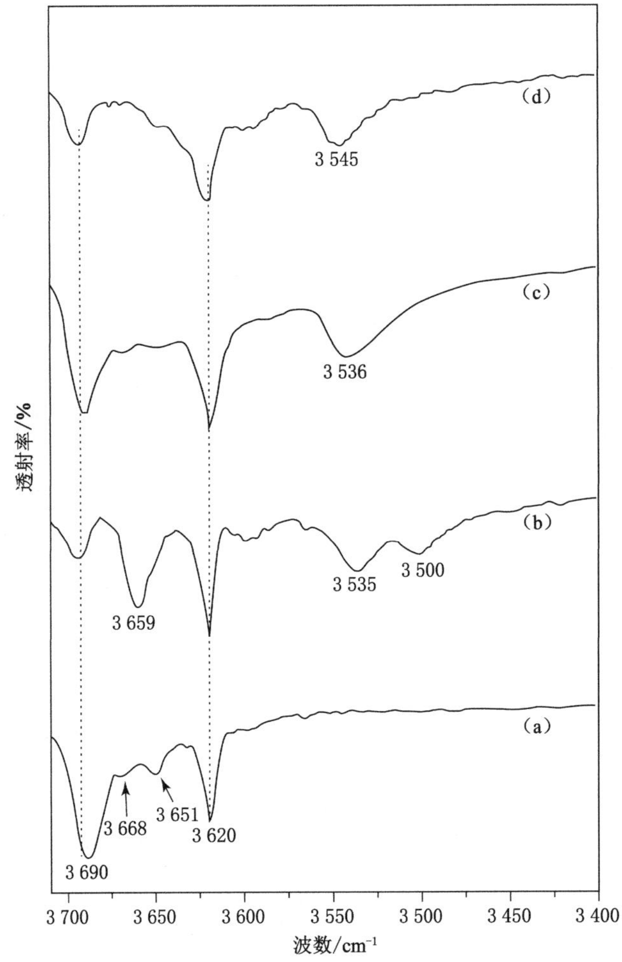

图 6-2　高岭石、高岭石-二甲基亚砜插层复合物、高岭石-甲醇插层复合物和高岭石-十二胺插层复合物在高频区的红外光谱

较敏感，因此内表面羟基的红外光谱变化通常用于判断插层剂是否打破高岭石层间域的原始氢键和是否形成新的氢键。然而高岭石内羟基位于高岭石晶格内部，基本不受插层剂的影响，因此在红外图谱上基本不发生变化。从图 6-2(b)～(d)中可以看出，经插层客体插层后高岭石的内表面羟基发生了显著变化。经 DMSO 插层后，位于 3 690 cm^{-1}处的伸缩振动峰强度大幅度降低，位于 3 668 cm^{-1}和 3 651 cm^{-1}处的吸附峰基本消失。在 3 659 cm^{-1}、

3 535 cm^{-1}和 3 500 cm^{-1}处出现新的吸收峰与 Johnston 等[69]的研究一致。这些新出现的吸收峰与层间域铝氧面的内表面羟基和二甲基亚砜 S═O 官能团形成的氢键有关。但有学者认为位于 3 535 cm^{-1}和 3 500 cm^{-1}处的吸收峰是由与 DMSO 一起进入层间域的水分子的羟基振动引起的[179-181]。经甲醇插层后，高岭石-DMSO 插层复合物中位于 3 659 cm^{-1}、3 535 cm^{-1}和 3 500 cm^{-1}处的吸收峰全部消失，在 3 536 cm^{-1}处出现一个新的吸收峰。吸收峰的改变说明甲醇将 DMSO 从高岭石层间置换出来形成了高岭石-甲醇插层复合物。使用高岭石-甲醇插层复合物作为前驱体实现十二胺插层后，位于 3 536 cm^{-1}处的吸收峰移动到了 3 545 cm^{-1}处。

图 6-3 所示为高岭石-十二胺插层复合物在中频区的红外图谱。位于 1 566 cm^{-1}处的吸收峰归属于十二胺 NH_2 的弯曲振动，该峰在纯十二胺中位于 1 593 cm^{-1}[51]。进入高岭石层间后，该峰的变化说明十二胺 NH_2 官能团与高岭石硅氧面基面氧原子形成了氢键。

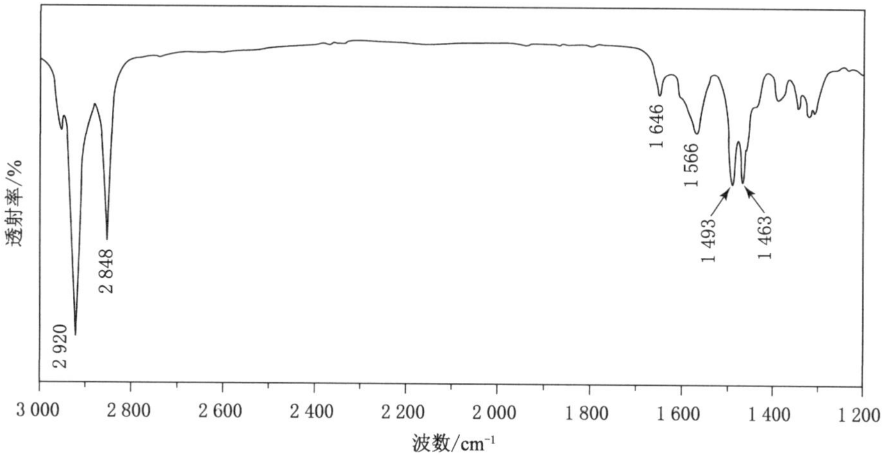

图 6-3　高岭石-十二胺插层复合物在中频区的红外图谱

6.3.3　分子动力学模拟分析

Dreiding 力场也适用于模拟黏土-有机复合体系[81-82]。在本次研究中，模拟了不同分子数十二胺对高岭石层间距的影响，发现高岭石-十二胺复合体系的层间距随着层间十二胺分子数的增加而增大。当层间十二胺分子数为 45 时，层间距达到 43.6 Å，与 XRD 测得值 42.9 Å 相符。该模型用于进一步的高岭石-十二胺复合体系的界面结构，计算了十二胺分子不同组成部分在高岭石层间域垂直于高岭石表面方向的原子密度分布。在收集的轨迹文件基础上，计算了十二胺的氮原子、烷烃链主干亚甲基碳原子和烷烃链尾部碳原子在高岭石层间域的原子密度分布，其计算公式如下：

$$\rho(X_i, z) = n\left(z - \frac{\delta}{2}, z + \frac{\delta}{2}\right) / (\delta \times S) \tag{6-1}$$

式中 z——垂直于高岭石层间域表面方向上十二胺分子中 X_i 原子的坐标值；

n——X_i 原子的数量；

δ——设定的与 z 坐标值的距离差；

S——模拟体系的横截面积。

图 6-4 所示为十二胺分子的氮原子、亚甲基和甲基官能团在高岭石层间域的原子密度分布。十二胺各组分在高岭石层间的原子密度分布显示十二胺在层间域呈多层分布。从氮原子密度分布图可以很清楚地看到两个尖锐的峰分别靠近硅氧面和铝氧面，表明十二胺分子的氨基官能团大部分呈双层分布，一层靠近硅氧面，另一层靠近铝氧面。氨基官能团作为氢键给体可与硅氧面氧原子和铝氧面羟基氧原子形成氢键。除了两个尖锐的峰之外，在高岭石层间域中间区域也出现多个强度较小的峰，说明部分十二胺的氨基分布于高岭石整个层间域。亚甲基(CH_2)表现出和氮原子类似的分布特征：同样有两个尖锐的峰分别靠近硅氧面和铝氧面；在两个尖峰旁边还出现两个强度相对较弱的峰以及在层间域中心部位强度较小的峰。CH_2 的分布特征说明十二胺的烷烃链分布于高岭石整个层间域，主要呈四层分布：两层平行分布靠近硅氧面，两层平行分布靠近铝氧面。烷烃链的四层平行分布导致其尾部甲基(CH_3)也呈四层分布，表现出与 CH_2 类似的分布特征。此外，CH_3(图 6-4)在层间域中心区域还存在一个尖峰，归因于部分烷烃链分布于层间域中心区域，呈现出类似于石蜡型的结构。

从高岭石-十二胺插层复合物的分子动力学模拟结构图(图 6-5)可直观地看出十二胺分子在高岭石层间的层状结构。

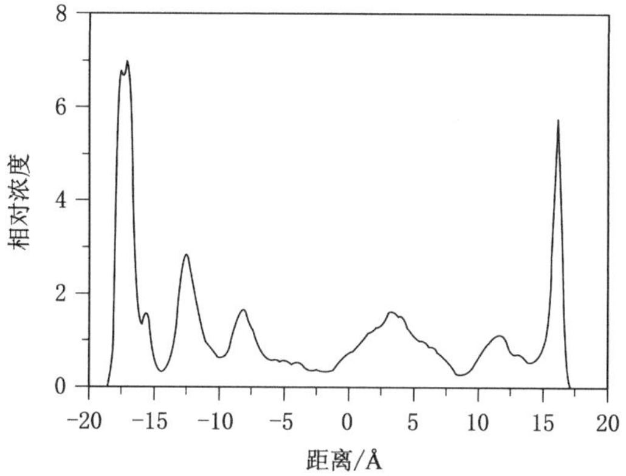

（a）N

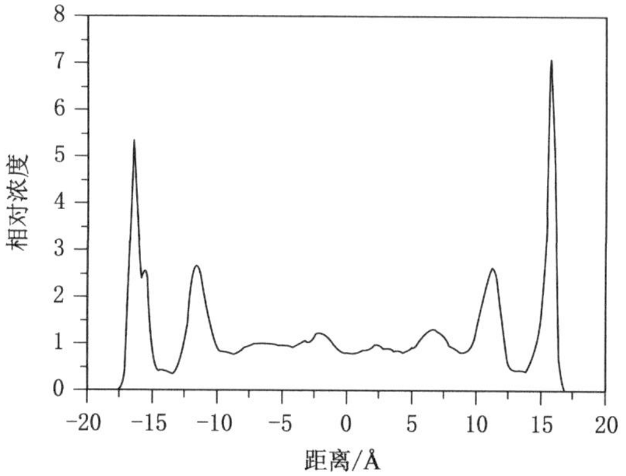

（b）CH_2

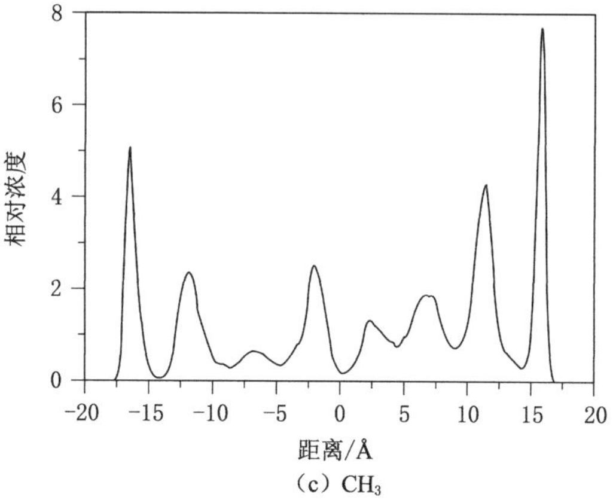

（c）CH_3

原点位于高岭石层间域的中心位置。

图 6-4　十二胺分子的氮原子、亚甲基和甲基官能团在高岭石层间域的原子密度分布

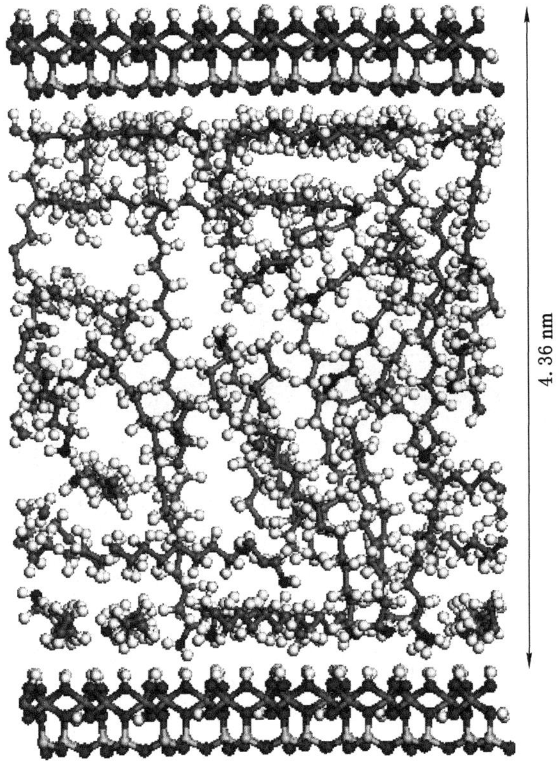

图 6-5　能量平衡后高岭石-十二胺复合体系结构图

类似于石蜡型的结构主要分布于高岭石层间域的中心区域。此外，两个双层结构的十二胺分子层分别平行分布靠近硅氧面和铝氧面。从图 6-5 中可以看出，十二胺分子在高岭石层间并非呈有序的全反式结构分布，有相当数量的烷烃链呈无序构象。之前有关季铵盐在蒙脱石层间域的结构研究主要基于 XRD 测得的层间域尺寸和季铵盐烷烃链长度的几何关系。据此推导出的层间域构象主要是有序化的双层、假三层、石蜡型等结构[182]。但单纯依赖于 XRD 的几何推算不足以说明真实的层间域结构。Vaia 等[183]通过研究季铵盐插入蒙脱石层间域后其 CH_2 官能团的伸缩振动和弯曲振动在红外光谱上的变化，发现有相当数量的烷烃链呈无序结构分布于蒙脱石层间。Zeng 等[81-82]采用分子动力学模拟计算了季铵盐在蒙脱石层间的结构特征，同样发现烷烃链呈有序和无序构型共存于层间域中。

6.4　本章小结

高岭石-DMSO 插层复合物可作为前驱体制备高岭石-甲醇插层复合物。通过置换插层法，甲醇可置换出高岭石层间域的 DMSO。高岭石-甲醇插层复合物可作为前驱体实现大分子表面改性剂十二胺的插层，可使高岭石层间距从 7.2 Å 扩大到 42.9 Å。红外光谱分析也证明十二胺分子成功进入高岭石层间域，导致层间域铝氧面内表面羟基的伸缩振动发生显著变化。此外，十二胺分子 NH_2 的弯曲振动同样发生显著变化，说明此类官能团与高岭石层间域表面发生氢键作用。分子动力学模拟可视化了十二胺分子在高岭石层间域的结构特征，模拟结果显示十二胺分子的烷烃链并非呈有序的全反式结构分布于高岭石层间域，而是以类似于石蜡型的结构分布于高岭石层间域中心区域和有序的双层结构平行分布于高岭石层间域硅氧面和铝氧面。

第7章 结论和展望

7.1 结论

本书选取有代表性的两种常用有机小分子插层剂尿素和二甲基亚砜(DMSO)以及大分子改性剂十二胺对高岭石进行插层。在XRD和热重分析的基础上构建了高岭石-有机化合物复合分子模型，并对其进行了分子动力学模拟，计算了有机化合物在高岭石层间域的界面结构和界面作用。采用自适应偏置力分子动力学模拟计算了携带电中性和离子官能团的三种烷烃链表面改性剂——十六烷基三甲基氯化铵(CTAC)、硬脂酸钠和十二胺对高岭石-甲醇复合体的插层自由能。在理论层面阐明了有机化合物与高岭石层间域的界面作用过程，探索了有机化合物进入高岭石层间域的驱动力来源，并得出以下结论：

① 有机小分子在高岭石层间域呈单层结构分布，可同时作用于高岭石层间域铝氧面和硅氧面，而大分子十二胺的烷烃链并非像预测的呈有序的全反式结构分布于高岭石层间域。分子动力学模拟表明，十二胺是以类似于石蜡型和无序结构共存于高岭石层间域中心区域，而在靠近高岭石硅氧面和铝氧面的区域则以有序的双层结构分布。

② 高岭石层间域铝氧面由于其表面覆盖有化学活性较高的表面羟基，可作为氢键给体和受体与尿素分子的C═O官能团和NH_2官能团以及DMSO的S═O官能团形成较强的氢键。铝氧面与尿素和DMSO分子的相互作用能高于层间域硅氧面，因此对诱导有机小分子进入高岭石层间域

起到关键作用。

③ 高岭石硅氧面的基面氧原子可作为氢键受体与尿素分子的 NH_2 官能团形成氢键。硅氧面表现出疏水性，其表面上的复三方孔是局部高吸附位点，可通过疏水作用与DMSO的甲基键合在一起，从而可通过氢键作用和疏水作用诱导有机小分子进入高岭石层间域。

④ 高岭石硅氧面上的复三方孔和铝氧面上的铝氧八面体空穴都是局部高吸附位点，可通过静电引力作用分别高效吸附携带正电荷和负电荷的离子或官能团。

⑤ 甲醇插层后的高岭石层间域对携带离子官能团的有机改性剂具有较强的亲和性。改性剂对高岭石层间域插层的驱动力主要来源于与层间域铝氧面、硅氧面和层间甲醇相互作用而获得的焓变能量。其焓变能量主要来源于静电势能和范德华能，其中静电势能起主导作用。携带离子官能团的改性剂可通过与高岭石层间域的静电引力作用获得更多的焓变能量，从而相比于电中性的改性剂更容易实现层间域插层和改性。

⑥ 甲醇对高岭石插层后，可使高岭石层间域更具疏水性，疏水作用和静电引力作用有助于诱导携带正电荷官能团的大分子有机改性剂进入高岭石层间域。

7.2　不足及展望

通过试验与分子动力学模拟相结合研究了有机化合物在高岭石层间域内的界面结构和界面作用机理，为高岭石插层与表面改性的精细化加工提出了新的见解和思路，但仍有不足之处尚待更深入的研究和讨论。本书所模拟的体系是相对理想的高岭石层间域与纯净有机物的复合体系，没有计算不同温度和压力，以及其他溶剂对高岭石层间域与有机化合物界面作用和界面结构的影响。目前国内外针对高岭石插层复合物、高岭石-聚合物复合材料的大尺寸粗粒度分子动力学模拟还比较稀缺。粗粒度分子动力学模拟可模拟微米甚至毫米级尺寸模型，从而直接计算和预测能代表实际尺寸模型的宏观性质。粗粒度分子动力学模拟可计算不同径厚比高岭石和改性高岭石在聚合物基质中的分散性、与聚合物表面的亲和性以及聚合物单体在高岭石层间域的自组装过程。还可实现对高岭石纳米复合材料机械力学性能、气密性等宏观特性的直接预测，为功能性高岭石-聚合物复合材料的开发提供理论指导。

参考文献

[1] 吴小缓，王文利.我国高岭土市场现状及发展趋势[J].非金属矿，2005，28(4)：1-3.

[2] 刘钦甫，张鹏飞.华北晚古生代煤系高岭岩物质组成和成矿机理研究[M].北京：海洋出版社，1997.

[3] 刘钦甫，程宏飞，张玉德，等.高岭石插层、剥片及其在橡胶中的应用[M].北京：科学出版社，2016.

[4] LEDOUX R L，WHITE J L.Infrared studies of hydrogen bonding interaction between kaolinite surfaces and intercalated potassium acetate，hydrazine，formamide，and urea[J].Journal of colloid and interface science，1966，21(2)：127-152.

[5] 张印民，刘钦甫，伍泽广，等.高岭石/二甲基亚砜插层复合物的制备及影响因素[J].硅酸盐学报，2011，39(10)：1637-1643.

[6] 刘钦甫，程宏飞，杜小满，等.高岭石/醋酸钾插层复合物的制备及其影响因素[J].矿物学报，2010，30(2)：153-159.

[7] 杜小满，刘钦甫，程宏飞，等.高岭石有机插层复合物的研究及应用[J].中国非金属矿工业导刊，2009(6)：10-14.

[8] DE FARIA E H，NASSAR E J，CIUFFI K J，et al.New highly luminescent hybrid materials：terbium pyridine-picolinate covalently grafted on kaolinite[J].ACS applied materials and interfaces，2011，3(4)：1311-1318.

[9] DEDZO G K，DETELLIER C.Functional nanohybrid materials derived from kaolinite[J].Applied clay science，2016，130：33-39.

[10] HIRSEMANN D,KÖSTER T K J,WACK J,et al.Covalent grafting to μ-hydroxy-capped surfaces? A kaolinite case study[J].Chemistry of materials,2011,23(13):3152-3158.

[11] 郭慧明.蒙脱石插层化合物的制备表征及应用研究[D].哈尔滨:哈尔滨工程大学,2007.

[12] ZHU R L,CHEN Q Z,ZHOU Q,et al.Adsorbents based on montmorillonite for contaminant removal from water:a review[J].Applied clay science,2016,123:239-258.

[13] CHIU C W,HUANG T K,WANG Y C,et al.Intercalation strategies in clay/polymer hybrids[J].Progress in polymer science,2014,39(3):443-485.

[14] RIAZ U,ASHRAF S M,VERMA A.Recent advances in the development of conducting polymer intercalated clay nanocomposites:a short review[J].Current organic chemistry,2015,19(13):1275-1291.

[15] DE PAIVA L B,MORALES A R,VALENZUELA DÍAZ F R.Organoclays:properties,preparation and applications[J].Applied clay science,2008,42(1/2):8-24.

[16] 张大斌,余朝静,聂华伟,等.纳米蒙脱石改性 PF 增强复合材料及摩擦磨损性能[J].非金属矿,2016,39(3):84-87.

[17] 潘剑明,杨威,孙海标,等.碳化钨与蒙脱石纳米复合材料的制备与电催化活性[J].物理化学学报,2015,(5):998-1006.

[18] WADA K.Lattice expansion of kaolin minerals by treatment with potassium acetate[J].American mineralogist,1961,46(1/2):78-91.

[19] OLEJNIK S,AYLMORE L A G,POSNER A M,et al.Infrared spectra of Kaolin mineral-dimethyl sulfoxide complexes[J].The journal of physical chemistry,1968,72(1):241-249.

[20] ŠOLC R,GERZABEK M H,LISCHKA H,et al.Wettability of kaolinite (001) surfaces:molecular dynamic study[J].Geoderma,2011,169:47-54.

[21] 左小超,刘钦甫,姬景超,等.脂肪酸/高岭石插层复合物的制备及结构模型[J].硅酸盐学报,2015,43(9):1294-1299.

[22] 刘钦甫,李晓光,郭鹏,等.高岭石-烷基胺插层复合物的制备与纳米卷的形成[J].硅酸盐学报,2014,42(8):1064-1069.

[23] KOMORI Y,SUGAHARA Y,KURODA K.A kaolinite-NMF-methanol intercalation compound as a versatile intermediate for further intercalation reaction of kaolinite[J].Journal of materials research,1998,13(4):930-934.

[24] MATUSIK J,KŁAPYTA Z,OLEJNICZAK Z.NMR and IR study of kaolinite intercalation compounds with benzylalkylammonium chlorides[J].Applied clay science,2013,83/84:426-432.

[25] DENG Y J,DIXON J B,WHITE G N.Molecular configurations and orientations of hydrazine between structural layers of kaolinite[J].Journal of colloid and interface science,2003,257(2):208-227.

[26] OLEJNIK S.The intercalation of polar organic compounds into kaolinite[J].Clay minerals,1970,8(4):421-434.

[27] DENG Y J,WHITE G N,DIXON J B.Effect of structural stress on the intercalation rate of kaolinite[J].Journal of colloid and interface science,2002,250(2):379-393.

[28] SUGAHARA Y,SATOKAWA S,KURODA K,et al.Evidence for the formation of interlayer polyacrylonitrile in kaolinite[J].Clays and clay minerals,1988,36(4):343-348.

[29] MATSUMURA A,KOMORI Y,ITAGAKI T,et al.Preparation of a kaolinite-nylon 6 intercalation compound[J].Bulletin of the chemical society of Japan,2001,74(6):1153-1158.

[30] ITAGAKI T,KOMORI Y,SUGAHARA Y,et al.Synthesis of a kaolinite-poly(β-alanine) intercalation compound[J].Journal of materials chemistry,2001,11(12):3291-3295.

[31] GARDOLINSKI J E,CARRERA L C M,CANTÃO M P,et al.Layered polymer-kaolinite nanocomposites[J].Journal of materials science,2000,35(12):3113-3119.

[32] SUN D W,LI Y F,ZHANG B,et al.Preparation and characterization of novel nanocomposites based on polyacrylonitrile/kaolinite[J].Composites

science and technology,2010,70(6):981-988.

[33] TUNNEY J J,DETELLIER C.Chemically modified kaolinite.Grafting of methoxy groups on the interlamellar aluminol surface of kaolinite [J].Journal of materials chemistry,1996,6(10):1679.

[34] LIU Q F,LI X G,CHENG H F.Insight into the self-adaptive deformation of kaolinite layers into nanoscrolls[J].Applied clay science,2016,124:175-182.

[35] 魏燕.高岭石改性技术专利综述[J].广东化工,2015,42(6):82-83.

[36] 梁宗刚.BMP-500 型磨剥机在煤系煅烧高岭土超细磨矿中的应用[J].中国非金属矿工业导刊,2005(5):45-46.

[37] 李三华,张甲宝.助磨剂在煤系高岭土湿法超细研磨中的应用试验[J].中国非金属矿工业导刊,2006(1):24-26.

[38] 李航,邵晓秋,李勇,等.小直径水力旋流器组在高岭土超细分级中的应用研究[J].非金属矿,2009,32(增刊):7-8.

[39] 邵亚平,唐建明.超细煅烧高岭土制备新工艺[J].非金属矿,2004,27(6):37-38.

[40] 杨洪军,张忠飞,钱宏,等.精细研磨机在南方某砂性高岭土剥片中的应用研究[J].非金属矿,2013,36(3):29-30.

[41] 阎琳琳,张先如,沈国柱,等.插层-超声复合法制备高岭石纳米晶体及棒状晶体的出现[J].材料科学与工程学报,2007,25(2):241-244.

[42] 阎琳琳,张存满,徐政.高岭石插层-超声法剥片可行性研究[J].非金属矿,2007,30(1):1-4.

[43] 陈丽昆,李勇,张忠飞.硅烷偶联剂改性高岭土在复合材料中的应用[J].非金属矿,2005(9):39-40.

[44] 孙家干,杨建军,张建安,等.有机改性高岭土/聚氨酯纳米复合材料的制备与表征[J].高分子材料科学与工程,2012,28(2):128-131.

[45] 王宝祥,左朝阳,赵晓鹏.改性高岭土/钛氧化物复合材料的制备及其高电流变活性[J].无机材料学报,2004,19(4):865-870.

[46] 葛亮,郑玉婴,李峰,等.PP/改性高岭土复合材料性能及微观结构[J].塑料,2011,40(4):33-36.

[47] 范丽珍,南策文,党智敏,等.聚氧乙烯-改性蒙脱石复合材料电性能的研究[J].硅酸盐学报,2003,31(1):57-59.

[48] 封禄田,宋昱,李国松.改性蒙脱石及其不饱和聚酯树脂纳米复合材料[J].沈阳化工学院学报,2009,23(3):208-212.

[49] 任子平,鲁安怀,周平,等.高岭土有机改性实验研究[J].岩石矿物学杂志,2001,20(4):485-489.

[50] SUGAHARA Y,SATOKAWA S,KURODA K,et al.Preparation of a kaolinite-polyacrylamide intercalation compound[J]. Clays and clay minerals,1990,38(2):137-143.

[51] KOMORI Y,SUGAHARA Y,KURODA K.Intercalation of alkylamines and water into kaolinite with methanol kaolinite as an intermediate[J]. Applied clay science,1999,15(1):241-252.

[52] 刘钦甫,左小超,张士龙,等.高岭石-硬脂酸插层复合物的制备及结构模型的提出[J].无机化学学报,2015,31(1):7-14.

[53] MATUSIK J,KŁAPYTA Z.Characterization of kaolinite intercalation compounds with benzylalkylammonium chlorides using XRD,TGA/DTA and CHNS elemental analysis[J].Applied clay science,2013,83/84:433-440.

[54] 曹丽云,黄剑锋,熊信柏,等.配位插层聚合法制备膨润土/PAM调湿膜[J].非金属矿,2003,26(1):30-31.

[55] 金星,戚嵘嵘,周持兴.原位插层聚合法制备聚苯乙烯-蒙脱土纳米复合材料[J].高分子材料科学与工程,2005,21(4):105-108.

[56] 宋海峰.聚合物/插层改性高岭土复合材料的制备及性能表征[D].合肥:安徽大学,2015.

[57] 胡刚.橡胶/粘土纳米复合材料的新型制备方法及结构与性能的研究[D].太原:中北大学,2013.

[58] 张玉德,刘钦甫,伍泽广,等.纳米高岭土和白炭黑硫化橡胶复合材料[J].湖南科技大学学报(自然科学版),2006,21(2):73-76.

[59] 刘钦甫,张玉德,李和平,等.纳米高岭土/橡胶复合材料的性能研究[J].橡胶工业,2006,53(9):525-529.

[60] 刘钦甫，吉雷波，冯春喜.纳米高岭土在橡塑及其复合材料中的应用[J].新材料产业，2006(2)：65-68.

[61] 刘钦甫，张玉德，陆银平.黏土/聚合物纳米复合材料研究现状[J].非金属矿，2005(9)：41-43.

[62] ZHANG Y D，LIU Q F，XIANG J J，et al.Influence of the structural characteristic of pyrolysis products on thermal stability of styrene-butadiene rubber composites reinforced by different particle sized kaolinites [J].Journal of thermal analysis and calorimetry，2014，117(3)：1201-1210.

[63] ZHANG Y D，LIU Q F，XIANG J J，et al.Thermal stability and decomposition kinetics of styrene-butadiene rubber nanocomposites filled with different particle sized kaolinites[J].Applied clay science，2014，95：159-166.

[64] ZHANG Y M，LIU Q F，ZHANG S L，et al.Gas barrier properties and mechanism of kaolin/styrene-butadiene rubber nanocomposites[J].Applied clay science，2015，111：37-43.

[65] ZHANG Y M，LIU Q F，ZHANG S L，et al.Characterization of kaolinite/styrene butadiene rubber composite：mechanical properties and thermal stability[J].Applied clay science，2016，124/125：167-174.

[66] 张玉德，刘钦甫，陆银平.改性高岭土对丁苯橡胶的增强和阻隔作用研究[J].矿物岩石，2009，29(3)：29-35.

[67] 程宏飞.高岭石插层、剥片及其在橡胶复合材料中应用研究[D].北京：中国矿业大学(北京)，2011.

[68] 张印民.橡胶/高岭土复合材料的动态生热及其阻隔性能研究[D].北京：中国矿业大学(北京)，2013.

[69] JOHNSTON C T，SPOSITO G，BOCIAN D F，et al.Vibrational spectroscopic study of the interlamellar kaolinite-dimethyl sulfoxide complex[J].The journal of physical chemistry，1984，88(24)：5959-5964.

[70] FROST R L，HA T T，KRISTOF J.FT-Raman spectroscopy of the lattice region of kaolinite and its intercalates[J].Vibrational spectroscopy，1997，13(2)：175-186.

[71] HAYASHI S.NMR study of dynamics and evolution of guest molecules in kaolinite/dimethyl sulfoxide intercalation compound[J]. Clays and clay minerals,1997,45(5):724-732.

[72] FROST R L,KRISTOF J,RINTOUL L,et al.Raman spectroscopy of urea and urea-intercalated kaolinites at 77 K[J].Spectrochimica acta part a,molecular and biomolecular spectroscopy,2000,56(9):1681-1691.

[73] CHENG H F,LIU Q F,YANG J,et al.Influencing factors on kaolinite-potassium acetate intercalation complexes[J]. Applied clay science,2010,50(4):476-480.

[74] CHENG H F,LIU Q F,YANG J,et al.Thermal behavior and decomposition of kaolinite-potassium acetate intercalation composite[J]. Thermochimica acta,2010,503/504:16-20.

[75] CHENG H F,LIU Q F,ZHANG J S,et al.Delamination of kaolinite-potassium acetate intercalates by ball-milling[J].Journal of colloid and interface science,2010,348(2):355-359.

[76] CHENG H F,LIU Q F,YANG J,et al.The thermal behavior of kaolinite intercalation complexes-a review[J].Thermochimica acta,2012,545:1-13.

[77] CHANG F R C,SKIPPER N T,SPOSITO G.Computer simulation of interlayer molecular structure in sodium montmorillonite hydrates[J]. Langmuir,1995,11(7):2734-2741.

[78] BOEK E S,COVENEY P V,SKIPPER N T.Monte Carlo molecular modeling studies of hydrated Li-,Na-,and K-smectites:understanding the role of potassium as a clay swelling inhibitor[J].Journal of the American chemical society,1995,117(50):12608-12617.

[79] BOEK E S,COVENEY P V,SKIPPER N T.Molecular modeling of clay hydration:a study of hysteresis loops in the swelling curves of sodium montmorillonites[J].Langmuir,1995,11(12):4629-4631.

[80] LIU X D,LU X C.A thermodynamic understanding of clay-swelling inhibition of interlayer potassium ion[J].Geochimica et cosmochimica

acta,2006,70(18):365.

[81] ZENG Q H,YU A B,LU G Q,et al.Molecular dynamics simulation of the structural and dynamic properties of dioctadecyldimethyl ammoniums in organoclays[J].The journal of physical chemistry B,2004,108(28):10025-10033.

[82] ZENG Q H,YU A B,LU G Q,et al.Molecular dynamics simulation of organic-inorganic nanocomposites: layering behavior and interlayer structure of organoclays[J].Chemistry of materials,2003,15(25):4732-4738.

[83] GREENWELL H C, HARVEY M J, BOULET P, et al. Interlayer structure and bonding in nonswelling primary amine intercalated clays[J]. Macromolecules,2005,38(14):6189-6200.

[84] HEINZ H,KOERNER H,ANDERSON K L,et al.Force field for mica-type silicates and dynamics of octadecylammonium chains grafted to montmorillonite[J].Chemistry of materials,2005,17(23):5658-5669.

[85] HEINZ H,VAIA R A,KRISHNAMOORTI R,et al.Self-assembly of alkylammonium chains on montmorillonite: effect of chain length, head group structure, and cation exchange capacity[J].Chemistry of materials,2007,19(1):59-68.

[86] LIU X D,LU X C,WANG R C,et al.Interlayer structure and dynamics of alkylammonium-intercalated smectites with and without water: a molecular dynamics study[J].Clays and clay minerals,2007,55(6):554-564.

[87] CYGAN R T,GREATHOUSE J A,HEINZ H,et al.Molecular models and simulations of layered materials[J].Journal of materials chemistry,2009,19(17):2470-2481.

[88] ZHAO Q, BURNS S E. Microstructure of single chain quaternary ammonium cations intercalated into montmorillonite: a molecular dynamics study[J].Langmuir,2012,28(47):16393-16400.

[89] TEPPEN B J,RASMUSSEN K,BERTSCH P M,et al.Molecular dy-

namics modeling of clay minerals. 1. gibbsite, kaolinite, pyrophyllite, and beidellite[J]. The journal of physical chemistry B, 1997, 101(9): 1579-1587.

[90] SUN H, MUMBY S J, MAPLE J R, et al. An ab initio CFF93 all-atom force field for polycarbonates[J]. Journal of the American chemical society, 1994, 116(7): 2978-2987.

[91] LIU C, GU C, YU K, et al. Integrating structural and thermodynamic mechanisms for sorption of PCBs by montmorillonite[J]. Environmental science and technology, 2015, 49(5): 2796-2805.

[92] LIU C, LI H, JOHNSTON C T, et al. Relating clay structural factors to dioxin adsorption by smectites: molecular dynamics simulations[J]. Soil science society of America journal, 2012, 76(1): 110-120.

[93] SMIRNOV K S, BOUGEARD D. A molecular dynamics study of structure and short-time dynamics of water in kaolinite[J]. The journal of physical chemistry B, 1999, 103(25): 5266-5273.

[94] WARNE M R, ALLAN N L, COSGROVE T. Computer simulation of water molecules at kaolinite and silica surfaces[J]. Physical chemistry chemical physics, 2000, 2(16): 3663-3668.

[95] YU C H, NEWTON S Q, NORMAN M A, et al. Molecular dynamics simulations of adsorption of organic compounds at the clay mineral/aqueous solution interface[J]. Structural chemistry, 2003, 14(2): 175-185.

[96] VAN DUIN A C T, LARTER S R. Molecular dynamics investigation into the adsorption of organic compounds on kaolinite surfaces[J]. Organic geochemistry, 2001, 32(1): 143-150.

[97] VASCONCELOS I F, BUNKER B A, CYGAN R T. Molecular dynamics modeling of ion adsorption to the basal surfaces of kaolinite[J]. The journal of physical chemistry C, 2007, 111(18): 6753-6762.

[98] CYGAN R T, LIANG J J, KALINICHEV A G. Molecular models of hydroxide, oxyhydroxide, and clay phases and the development of a general force field[J]. The journal of physical chemistry B, 2004, 108

(4):1255-1266.
[99] YANG W,ZAOUI A.Uranyl adsorption on (001) surfaces of kaolinite:a molecular dynamics study[J].Applied clay science,2013,80/81:98-106.
[100] FANG Q H,HUANG S P,WANG W C.Intercalation of dimethyl sulphoxide in kaolinite: molecular dynamics simulation study[J]. Chemical physics letters,2005,411(1/2/3):233-237.
[101] RUTKAI G,KRISTÓF T.Molecular simulation study of intercalation of small molecules in kaolinite[J].Chemical physics letters,2008,462(4/5/6):269-274.
[102] RUTKAI G,MAKÓ É,KRISTÓF T.Simulation and experimental study of intercalation of urea in kaolinite[J].Journal of colloid and interface science,2009,334(1):65-69.
[103] HATÓ Z,MAKÓ É,KRISTÓF T.Water-mediated potassium acetate intercalation in kaolinite as revealed by molecular simulation[J]. Journal of molecular modeling,2014,20(3):2140.
[104] MAKÓ É,KOVÁCS A,HATÓ Z,et al.Simulation assisted characterization of kaolinite-methanol intercalation complexes synthesizedu sing cost-efficient homogenization method[J]. Applied surface science, 2015,357:626-634.
[105] 王进.蒙脱石层间结构的分子力学和分子动力学模拟研究[D].太原:太原理工大学,2005.
[106] 杨小震.分子模拟与高分子材料[M].北京:科学出版社,2002.
[107] 陈正隆,徐为人,汤立达.分子模拟的理论与实践[M].北京:化学工业出版社,2007.
[108] 陈敏伯.计算化学:从理论化学到分子模拟[M].北京:科学出版社,2009.
[109] WANG J M,WOLF R M,CALDWELL J W,et al.Development and testing of a general amber force field[J].Journal of computational chemistry,2004,25(9):1157-1174.
[110] JORGENSEN W L,MAXWELL D S,TIRADO-RIVES J.Development

and testing of the OPLS all-atom force field on conformational energetics and properties of organic liquids[J].Journal of the American chemical society,1996,118(45):11225-11236.

[111] MAYO S L,OLAFSON B D,GODDARD W A.DREIDING:a generic force field for molecular simulations[J].The journal of physical chemistry,1990,94(26):8897-8909.

[112] HEINZ H,LIN T J,MISHRA R K,et al.Thermodynamically consistent force fields for the assembly of inorganic,organic,and biological nanostructures:the INTERFACE force field[J].Langmuir:the ACS journal of surfaces and colloids,2013,29(6):1754-1765.

[113] ZHOU Q,SHEN W,ZHU J X,et al.Structure and dynamic properties of water saturated CTMA-montmorillonite:molecular dynamics simulations [J].Applied clay science,2014,97/98:62-71.

[114] WANG Y,WOHLERT J,BERGLUND L A,et al.Molecular dynamics simulation of strong interaction mechanisms at wet interfaces in clay-polysaccharide nanocomposites[J].Journal of materials chemistry A,2014,2(25):9541-9547.

[115] CYGAN R T,ROMANOV V N,MYSHAKIN E M.Molecular simulation of carbon dioxide capture by montmorillonite using an accurate and flexible force field[J].The journal of physical chemistry C,2012,116(24):13079-13091.

[116] HEINZ H,VAIA R A,FARMER B L.Relation between packing density and thermal transitions of alkyl chains on layered silicate and metal surfaces[J].Langmuir:the ACS journal of surfaces and colloids,2008,24(8):3727-3733.

[117] HEINZ H,RAMEZANI-DAKHEL H.Simulations of inorganic-bioorganic interfaces to discover new materials:insights,comparisons to experiment,challenges,and opportunities[J].Chemical society reviews,2016,45(2):412-448.

[118] 周青.蒙脱石层间域微结构及其吸附有机物的分子模拟[D].广州:中

国科学院研究生院(广州地球化学研究所),2015.
[119] ALLEN M P,TILDESLEY D J.Computer simulation of liquids[M]. Oxford:Clarendon press,1989.
[120] MICHALKOVÁ A,TUNEGA D.Kaolinite:dimethylsulfoxide Intercalate A theoretical study[J].The journal of physical chemistry C, 2007,111(30):11259-11266.
[121] KOLLMAN P.Free energy calculations:applications to chemical and biochemical phenomena[J].Chemical reviews,1993,93(7):2395-2417.
[122] KIRKWOOD J G. Statistical mechanics of fluid mixtures[J]. The journal of chemical physics,1935,3(5):300-313.
[123] BARTELS C, KARPLUS M. Multidimensional adaptive umbrella sampling:applications to main chain and side chain peptide conformations [J].Journal of computational chemistry,1997,18(12):1450-1462.
[124] DARVE E,RODRÍGUEZ-GÓMEZ D,POHORILLE A.Adaptive biasing force method for scalar and vector free energy calculations[J]. The journal of chemical physics,2008,128(14):144120.
[125] MURRAY H H.Traditional and new applications for Kaolin,smectite,and palygorskite:a general overview[J].Applied clay science,2000,17(5/6): 207-221.
[126] BERGAYA F,LAGALY G. Handbook of clay science[M]. 2nd ed. Amsterdam:Elsevier,2013.
[127] BOYD S A,LEE J F,MORTLAND M M.Attenuating organic contaminant mobility by soil modification[J].Nature,1988,333:345-347.
[128] PHUA S L,YANG L P,TOH C L,et al.Simultaneous enhancements of UV resistance and mechanical properties of polypropylene by incorporation of dopamine-modified clay[J].ACS applied materials and interfaces,2013,5(4):1302-1309.
[129] KOTAL M,BHOWMICK A K.Polymer nanocomposites from modified clays:recent advances and challenges[J].Progress in polymer science,2015,51:127-187.

[130] LIU Q F,ZHANG Y D,XU H L.Properties of vulcanized rubber nanocomposites filled with nanokaolin and precipitated silica[J].Applied clay science,2008,42(1/2):232-237.

[131] MURRAY H H,KOGEL J E.Engineered clay products for the paper industry[J].Applied clay science,2005,29(3/4):199-206.

[132] TSUNEMATSU K,TATEYAMA H.Delamination of urea-kaolinite complex by using intercalation procedures[J].Journal of the American ceramic society,1999,82(6):1589-1591.

[133] VALÁŠKOVÁ M,RIEDER M,MATĚJKA V,et al.Exfoliation/delamination of kaolinite by low-temperature washing of kaolinite-urea intercalates[J].Applied clay science,2007,35(1/2):108-118.

[134] VELHO J A G L,DE S F GOMES C.Characterization of Portuguese kaolins for the paper industry:beneficiation through new delamination techniques[J].Applied clay science,1991,6(2):155-170.

[135] FROST R L,KRISTOF J,HORVATH E,et al.Rehydration and phase changes of potassium acetate-intercalated halloysite at 298 K [J].Journal of colloid and interface science,2000,226(2):318-327.

[136] MAKÓ E,KRISTÓF J,HORVÁTH E,et al.Kaolinite-urea complexes obtained by mechanochemical and aqueous suspension techniques:a comparative study[J].Journal of colloid and interface science,2009,330(2):367-373.

[137] KRISHNAN M,SAHARAY M,KIRKPATRICK R J.Molecular dynamics modeling of CO_2 and poly(ethylene glycol) in montmorillonite:the structure of clay-polymer composites and the incorporation of CO_2 [J].The journal of physical chemistry C,2013,117(40):20592-20609.

[138] GREATHOUSE J A,CYGAN R T,FREDRICH J T,et al.Molecular dynamics simulation of diffusion and electrical conductivity in montmorillonite interlayers[J].The journal of physical chemistry C,2016,120(3):1640-1649.

[139] ZHAO Q,BURNS S E.Molecular dynamics simulation of secondary

sorption behavior of montmorillonite modified by single chain quaternary ammonium cations[J]. Environmental science and technology, 2012,46(7):3999-4007.

[140] UNDERWOOD T, ERASTOVA V, GREENWELL H C. Wetting effects and molecular adsorption at hydrated kaolinite clay mineral surfaces[J]. The journal of physical chemistry C, 2016, 120(21): 11433-11449.

[141] TUNEGA D, BENCO L, HABERHAUER G, et al. Ab initio molecular dynamics study of adsorption sites on the (001) surfaces of 1∶1 dioctahedral clay minerals[J]. The journal of physical chemistry B, 2002, 106(44): 11515-11525.

[142] TUNEGA D, HABERHAUER G, GERZABEK M H, et al. Theoretical study of adsorption sites on the (001) surfaces of 1∶1 clay minerals[J]. Langmuir, 2002, 18(1):139-147.

[143] STRADELLA L, ARGENTERO M. A study of the thermal decomposition of urea, of related compounds and thiourea using DSC and TG-EGA[J]. Thermochimica acta, 1993, 219:315-323.

[144] SCHABER P M, COLSON J, HIGGINS S, et al. Thermal decomposition (pyrolysis) of urea in an open reaction vessel[J]. Thermochimica acta, 2004, 424(1/2):131-142.

[145] GARDOLINSKI J E, WYPYCH F, CANTÃO M P. Exfoliation and hydration of kaolinite after intercalation with urea[J]. Quimica nova, 2001, 24(6):761-767.

[146] GRDADOLNIK J, MARÉCHAL Y. Urea and urea-water solutions: an infrared study[J]. Journal of molecular structure, 2002, 615(1/2/3): 177-189.

[147] KEULEERS R, DESSEYN H O, ROUSSEAU B, et al. Vibrational analysis of urea[J]. Journal of physical chemistry A, 1999, 103(24): 4621-4630.

[148] DIAR-BAKERLY B, HIRSEMANN D, KALO H, et al. Modification

of kaolinite by Grafting of siderophilic ligands to the external octahedral surface[J].Applied clay science,2014,90:67-72.

[149] TIAN H T,GUO Y,PAN B,et al.Enhanced photoreduction of nitroaromatic compounds by hydrated electrons derived from indole on natural montmorillonite[J].Environmental science and technology, 2015,49(13):7784-7792.

[150] DE FARIA E H,LIMA O J,CIUFFI K J,et al.Hybrid materials prepared by interlayer functionalization of kaolinite with pyridine-carboxylic acids[J].Journal of colloid and interface science,2009,335 (2):210-215.

[151] LETAIEF S,TONLE I K,DIACO T,et al.Nanohybrid materials from interlayer functionalization of kaolinite.Application to the electrochemical preconcentration of cyanide[J].Applied clay science, 2008,42(1/2):95-101.

[152] CHENG H F,ZHANG S,LIU Q F,et al.The molecular structure of kaolinite-potassium acetate intercalation complexes:a combined experimental and molecular dynamic simulation study[J].Applied clay science,2015,116/117:273-280.

[153] LIU Q F,ZHANG S,CHENG H F,et al.Thermal behavior of kaolinite-urea intercalation complex and molecular dynamics simulation for urea molecule orientation[J].Journal of thermal analysis and calorimetry,2014,117(1):189-196.

[154] ZHU R L,HU W H,YOU Z M,et al.Molecular dynamics simulation of TCDD adsorption on organo-montmorillonite[J].Journal of colloid and interface science,2012,377(1):328-333.

[155] ZHU R L,MOLINARI M,SHAPLEY T V,et al.Modeling the interaction of nanoparticles with mineral surfaces:adsorbed C_{60} on pyrophyllite[J]. The journal of physical chemistry A,2013,117(30):6602-6611.

[156] MISHRA R K,FLATT R J,HEINZ H.Force field for tricalcium silicate and insight into nanoscale properties:cleavage,initial hydration,

and adsorption of organic molecules[J].The journal of physical chemistry C,2013,117(20):10417-10432.

[157] PERCIVAL H J,DUNCAN J F,FOSTER P K.Interpretation of the kaolinite-mullite reaction sequence from infrared absorption spectra [J].Journal of the American ceramic society,1974,57(2):57-61.

[158] THOMPSON J G,CUFF C.Crystal structure of kaolinite:dimethyl-sulfoxide intercalate [J]. Clays and clay minerals, 1985, 33 (6): 490-500.

[159] VASCONCELOS I F,BUNKER B A,CYGAN R T.Molecular dynamics modeling of ion adsorption to the basal surfaces of kaolinite [J].The journal of physical chemistry C,2007,111(18):6753-6762.

[160] BOYD S A,SHENG G,TEPPEN B J,et al.Mechanisms for the adsorption of substituted nitrobenzenes by smectite clays[J].Environmental science and technology,2001,35(21):4227-4234.

[161] DAI J.Surface modification of clays and clay-rubber composite[J]. Applied clay science,1999,15(1/2):51-65.

[162] OMARA S S,ABDEL REHIM M H,GHONEIM A,et al.Structure-property relationships of hyperbranched polymer/kaolinite nanocomposites[J].Macromolecules,2015,48(18):6562-6573.

[163] ZHANG S,LIU Q F,CHENG H F,et al.Intercalation of dodecylamine into kaolinite and its layering structure investigated by molecular dynamics simulation[J].Journal of colloid and interface science,2014,430:345-350.

[164] RAO Q,LENG Y S.Molecular understanding of CO_2 and H_2O in a montmorillonite clay interlayer under CO_2 geological sequestration conditions[J]. The journal of physical chemistry C, 2016, 120(5): 2642-2654.

[165] ZHOU J H,BOEK E S,ZHU J X,et al.Molecular simulation study of hydrated Na-rectorite[J].Langmuir:the ACS journal of surfaces and colloids,2015,31(6):2008-2013.

[166] LAIO A, GERVASIO F L. Metadynamics: a method to simulate rare

events and reconstruct the free energy in biophysics, chemistry and material science[J].Reports on progress in physics,2008,71(12):126601.

[167] LIU X D,LU X C,WANG R C,et al.Atomic scale structures of interfaces between kaolinite edges and water[J].Geochimica et cosmochimica acta,2012,92:233-242.

[168] RODRIGUES O M S,PERES A E C,MARTINS A H,et al.Kaolinite and hematite flotation separation using etheramine and ammonium quaternary salts[J].Minerals engineering,2013,40:12-15.

[169] ELBOKL T A,DETELLIER C.Aluminosilicate nanohybrid materials.intercalation of polystyrene in kaolinite[J].Journal of physics and chemistry of solids,2006,67(5/6):950-955.

[170] GIANNELIS E P.Polymer layered silicate nanocomposites[J].Advanced materials,1996,8(1):29-35.

[171] KAYNAK C,NAKAS G I,ALI ISITMAN N.Mechanical properties, flammability and char morphology of epoxy resin/montmorillonite nanocomposites[J].Applied clay science,2009,46(3):319-324.

[172] LEBARON P.Polymer-layered silicate nanocomposites:an overview [J].Applied clay science,1999,15(1/2):11-29.

[173] MANIAS E, TOUNY A, WU L, et al. Polypropylene/montmorillonite nanocomposites.review of the synthetic routes and materials properties[J]. Chemistry of materials,2001,13(10):3516-3523.

[174] SINHA RAY S,MAITI P,OKAMOTO M,et al.New polylactide/layered silicate nanocomposites. 1. preparation, characterization, and properties[J].Macromolecules,2002,35(8):3104-3110.

[175] LEU Y Y,MOHD ISHAK Z A,CHOW W S.Mechanical,thermal, and morphological properties of injection molded poly(lactic acid)/SEBS-g-MAH/organo-montmorillonite nanocomposites[J]. Journal of applied polymer science,2012,124(2):1200-1207.

[176] 刘钦甫,王定,郭鹏,等.季铵盐-高岭石系列插层复合物的制备及结构表征[J].硅酸盐学报,2015,43(2):222-230.

[177] GARDOLINSKI J E F C,LAGALY G.Grafted organic derivatives of kaolinite: Ⅰ.Synthesis,chemical and rheological characterization[J]. Clay minerals,2005,40(4):537-546.

[178] GARDOLINSKI J E F C,LAGALY G.Grafted organic derivatives of kaolinite: Ⅱ.Intercalation of primary n-alkylamines and delamination [J].Clay minerals,2005,40(4):547-556.

[179] ZHANG Y M,LIU Q F,WU Z G,et al.Thermal behavior analysis of kaolinite-dimethylsulfoxide intercalation complex[J].Journal of thermal analysis and calorimetry,2012,110(3):1167-1172.

[180] MARTENS W N,FROST R L,KRISTOF J,et al.Modification of kaolinite surfaces through intercalation with deuterated dimethylsulfoxide[J].The journal of physical chemistry B,2002,106(16):4162-4171.

[181] FROST R L,KRISTOF J,PAROZ G N,et al.Molecular structure of dimethyl sulfoxide intercalated kaolinites[J].The journal of physical chemistry B,1998,102(43):8519-8532.

[182] LAGALY G.Interaction of alkylamines with different types of layered compounds[J].Solid state ionics,1986,22(1):43-51.

[183] VAIA R A,TEUKOLSKY R K,GIANNELIS E P.Interlayer structure and molecular environment of alkylammonium layered silicates[J].Chemistry of materials,1994,6(7):1017-1022.